人工智能技术丛书

Keras 实战

基于TensorFlow 2.2的深度学习实践

王晓华 著

清华大学出版社
北京

内 容 简 介

Keras 是一个用 Python 编写的开源人工神经网络库,可以作为 TensorFlow、CNTK 和 Theano 的高阶应用程序接口,进行深度学习模型的设计、调试、评估、应用和可视化。本书从初学者的角度出发,为读者构建一个完整的 Keras 技术体系。

本书共分为 9 章,主要内容包括深度学习框架 Keras 的背景、搭建学习环境、深度学习的理论基础、卷积层与 MNIST 实战、多层感知机与 MNIST 实战、TensorFlow Datasets 和 TensorBoard、ResNet 及其兄弟 ResNext,最后是两个项目实战案例——词嵌入与情感分类。

本书既适合 Keras 深度学习初学者、深度学习算法技术人员阅读,也适合作为高等院校与培训机构人工智能相关专业的师生参考。

本书封面贴有清华大学出版社防伪标签,无标签者不得销售。
版权所有,侵权必究。举报:010-62782989,beiqinquan@tup.tsinghua.edu.cn。

图书在版编目(CIP)数据

Keras 实战:基于 TensorFlow 2.2 的深度学习实践 / 王晓华著.—北京:清华大学出版社,2021.3(2023.1重印)
(人工智能技术丛书)
ISBN 978-7-302-57611-2

Ⅰ. ①K… Ⅱ. ①王… Ⅲ. ①机器学习 Ⅳ. ①TP181

中国版本图书馆 CIP 数据核字(2021)第 033673 号

责任编辑:夏毓彦
封面设计:王 翔
责任校对:闫秀华
责任印制:刘海龙

出版发行:	清华大学出版社
网　　址:	http://www.tup.com.cn,http://www.wqbook.com
地　　址:	北京清华大学学研大厦 A 座　邮　编:100084
社 总 机:	010-83470000　邮　购:010-62786544
投稿与读者服务:	010-62776969,c-service@tup.tsinghua.edu.cn
质 量 反 馈:	010-62772015,zhiliang@tup.tsinghua.edu.cn
印 装 者:	三河市龙大印装有限公司
经　　销:	全国新华书店
开　　本:	190mm×260mm　印　张:15　字　数:384 千字
版　　次:	2021 年 4 月第 1 版　印　次:2023 年 1 月第 3 次印刷
定　　价:	59.00 元

产品编号:086650-01

前　　言

深度学习和人工智能引领了一个新的研究和发展方向，同时正在改变人类固有的处理问题和解决问题的方法和认知。现在各个领域都处于运用深度学习技术进行本领域重大突破技术的阶段，与此同时深度学习本身也展现出巨大的发展空间。

Keras是专门用作深度学习的人工神经网络框架，它使用严谨、迅捷的TensorFlow作为后端计算程序，给使用者提供了一个"便于入门，能够提高"的深度学习实现方案。

Keras代码结构采用面向对象方法编写，完全模块化，并具有可扩展性，其运行机制和说明文档都将用户体验和使用难度纳入考虑，降低了复杂算法的实现难度。Keras支持现代人工智能领域的主流算法，包括前馈结构和递归结构的神经网络，也可以通过封装参与构建统计学习模型。在硬件和开发环境方面，Keras支持多操作系统下的多GPU并行计算，可以根据后台设置转化为符合TensorFlow代码要求的运行环境，从而无缝调用TensorFlow作为其计算后台。

本书由浅到深地介绍Keras框架相关的知识，重要内容均结合代码进行实战讲解，读者通过这些实例可以深入掌握Keras程序设计的内容，并对深度学习有进一步的了解。

源码、数据集与开发环境下载

本书配套的源码、数据集与开发环境可用微信扫描清华社网盘二维码下载（可按页面提示，把下载链接发到自己的邮箱中，在PC上下载）。

本书特色

版本新，易入门

本书详细介绍Keras最新版本的安装和使用，包括Keras的默认API和后端TensorFlow 2.2。

作者经验丰富，代码编写细腻

作者是长期奋战在科研和工业界的一线算法设计和程序编写人员，实战经验丰富，对代码中可能会出现的各种问题和"坑"有丰富的处理经验，这些经验可使读者少走很多弯路。

理论扎实，深入浅出

在代码设计的基础上，本书深入浅出地介绍深度学习需要掌握的一些基本理论知识，并通过大量的公式与图示对理论进行介绍。

对比多种应用方案，实战案例丰富

本书采用大量的实例，同时提供一些实现同类功能的解决方案，覆盖了使用 TensorFlow+Keras 进行深度学习开发中常用的知识。

本书内容体系

第1章　深度学习与应用框架

本章介绍深度学习的基本理念、基础，并通过一个真实的深度学习例子向读者展示深度学习的一般训练步骤，之后对比 Keras 和其他深度学习框架，说明使用 Keras 进行深度学习开发的简易和便捷性。

第2章　Hello TensorFlow & Keras

本章着重介绍 TensorFlow&Keras 的环境搭建与安装方法，初步介绍 Keras 函数式编程的基本 API，并以全连接层这个最常用的神经网络基础层为例向读者详细介绍全连接层的理论基础和 Keras 的全实现，并在此基础上介绍部分 Keras 的常用功能，例如 Keras 自带的模型库。

第3章　深度学习的理论基础

本章主要介绍深度学习的理论基础，从 BP 神经网络开始，介绍神经网络两个基础算法，并着重介绍反向传播算法的完整过程和理论，最后通过编写基本 Python 的方式实现一个完整的反馈神经网络。

第4章　卷积层与MNIST实战

本章主要介绍卷积层的函数实现以及池化、激活和分类函数 softmax 的原理，并通过一个 MNIST 数据集介绍使用卷积层的使用方法，最后演示一个基本卷积神经网络的作用。

第5章　多层感知机与MNIST实战

本章是卷积神经网络的实战内容，主要通过演示一个多层感知机向读者介绍使用神经网络进行训练的一些内容，例如激活函数、神经网络的正则化、dropout（随机失活）方法等。这些内容主要涉及神经网络预防过拟合的内容，能够帮助读者更加完整地掌握神经网络的训练方法。

第6章　TensorFlow Datasets和TensorBoard

本章主要介绍 TensorFlow 2.2 中两个新的高级 API。TensorFlow Datasets 简化了数据集的获取与使用。TensorFlow Datasets 中的数据集依旧在不停地增加中。TensorBoard 是可视化模型训练过程的利器，通过其对模型训练过程不同维度的观测可以帮助用户对模型进行训练。

第7章　从冠军开始：ResNet

本章主要介绍神经网络具有里程碑意义的模型——ResNet。它改变了人们仅仅依靠堆积神经网络层来获取更高性能的做法，在一定程度上解决了梯度消失和梯度爆炸的问题。这是一项跨时代的发明。本章以手把手的方式向读者介绍 Block 模型的编写和架构方法。

第8章 实战——有趣的词嵌入

本章介绍自然语言处理的一些内容，通过一个完整的例子向读者介绍自然语言处理所需要的全部内容，一步步地教会读者使用不同的架构和维度进行文本分类的方法。

第9章 实战——站在巨人肩膀上的情感分类实战

本章介绍使用时间序列 GRU 进行特征提取并最终完成情感分类的任务和工作。这是对使用卷积层做情感分类的补充。

本书读者

- 人工智能入门读者
- 深度学习入门读者
- 机器学习入门读者
- 高等院校人工智能专业的师生
- 专业培训机构的师生
- 其他对智能化、自动化感兴趣的开发者

技术支持、勘误和鸣谢

由于作者的水平有限，加上 Keras 的演进较快，书中难免存在疏漏之处，恳请读者来信批评指正。技术支持电子邮箱 booksaga@163.com，邮件主题为"Keras 实战"。

感谢家人的支持和理解，这些都给予我莫大的动力，让自己的努力更加有意义。

著 者
2021 年 1 月

目　　录

第1章　深度学习与应用框架 1

1.1　何为深度学习 1
1.1.1　何为深度学习 1
1.1.2　与传统的"浅层学习"的区别 3
1.2　开汽车或者制造汽车——深度学习入门 4
1.2.1　第一步：数据的准备 4
1.2.2　第二步：数据的处理 5
1.2.3　第三步：模型的设计 6
1.2.4　第四步：模型的训练 6
1.2.5　第五步：模型的结果和展示 7
1.3　深度学习的流程、应用场景和模型分类 8
1.3.1　深度学习的流程与应用场景 8
1.3.2　深度学习的模型分类 9
1.4　主流深度学习框架对比 11
1.4.1　深度学习框架的选择 11
1.4.2　Keras 与 TensorFlow 12
1.5　本章小结 13

第2章　Hello TensorFlow & Keras 14

2.1　TensorFlow 的环境安装 14
2.1.1　Anaconda 的下载与安装 14
2.1.2　Python 编译器 PyCharm 的安装 17
2.1.3　使用 Python 计算 softmax 函数 20
2.2　搭建环境 2：安装 TensorFlow 2.2 21
2.2.1　安装 TensorFlow 2.2 的 CPU 版本 21
2.2.2　安装 TensorFlow 2.2 的 GPU 版本 21
2.2.3　练习——Hello TensorFlow 24
2.3　TensorFlow & Keras 25
2.3.1　模型！模型！模型！还是模型 25
2.3.2　使用 Keras API 实现鸢尾花分类的例子（顺序模型） 26
2.3.3　使用 Keras 函数式编程实现鸢尾花分类的例子（重点） 29
2.3.4　使用保存的 Keras 模式对模型进行复用 32

2.3.5　使用 TensorFlow 标准化编译对 iris 模型进行拟合 33
　　2.3.6　多输入单一输出 TensorFlow 编译方法（选学）.. 37
　　2.3.7　多输入多输出 TensorFlow 编译方法（选学）.. 41
2.4　全连接层详解 42
　　2.4.1　全连接层的定义与实现 43
　　2.4.2　使用 Keras 实现全连接层 44
　　2.4.3　打印显示已设计的模型结构和参数 47
2.5　懒人的福音——Keras 模型库 49
　　2.5.1　ResNet50 模型和参数的载入 50
　　2.5.2　使用 ResNet50 作为特征提取层建立模型 52
2.6　本章小结 54

第3章　深度学习的理论基础

3.1　BP 神经网络简介 56
3.2　BP 神经网络两个基础算法详解 59
　　3.2.1　最小二乘法详解 59
　　3.2.2　道士下山的故事——梯度下降算法 62
3.3　反馈神经网络反向传播算法 65
　　3.3.1　深度学习基础 65
　　3.3.2　链式求导法则 66
　　3.3.3　反馈神经网络原理与公式推导 67
　　3.3.4　反馈神经网络原理的激活函数 72
　　3.3.5　反馈神经网络原理的 Python 实现 74
3.4　本章小结 78

第4章　卷积层与 MNIST 实战

4.1　卷积运算基本概念 79
　　4.1.1　卷积运算 80
　　4.1.2　TensorFlow 中卷积函数的实现 82
　　4.1.3　池化运算 84
　　4.1.4　softmax 激活函数 85
　　4.1.5　卷积神经网络原理 86
4.2　编程实战：MNIST 手写体识别 89
　　4.2.1　MNIST 数据集 89
　　4.2.2　MNIST 数据集特征和标签 91
　　4.2.3　TensorFlow 2.2 编程实战：MNIST 数据集 94
　　4.2.4　使用自定义的卷积层实现 MNIST 识别 98
4.3　本章小结 101

第 5 章　多层感知机与 MNIST 实战 102

5.1　一个简单的多层感知机 102
5.1.1　多层感知机的原理与实现 102
5.1.2　多层感知机的激活函数 106

5.2　消除过拟合——正则化与 dropout 108
5.2.1　正则化与 dropout 概述 109
5.2.2　使用防过拟合处理的多层感知机 110
5.2.3　Keras 创建多层感知机的细节问题 112

5.3　本章小结 113

第 6 章　TensorFlow Datasets 和 TensorBoard 114

6.1　TensorFlow Datasets 简介 114
6.1.1　Datasets 数据集的安装 116
6.1.2　Datasets 数据集的使用 116

6.2　Datasets 数据集的使用——FashionMNIST 118
6.2.1　FashionMNIST 数据集下载与展示 119
6.2.2　模型的建立与训练 121

6.3　使用 Keras 对 FashionMNIST 数据集进行处理 123
6.3.1　获取数据集 123
6.3.2　数据集的调整 124
6.3.3　使用 Python 类函数建立模型 124
6.3.4　模型的查看和参数打印 126
6.3.5　模型的训练和评估 127

6.4　使用 TensorBoard 可视化训练过程 130
6.4.1　TensorBoard 的文件夹设置 130
6.4.2　TensorBoard 的显式调用 131
6.4.3　TensorBoard 的使用 133

6.5　本章小结 137

第 7 章　从冠军开始：ResNet 138

7.1　ResNet 的基本原理与程序设计基础 139
7.1.1　ResNet 诞生的背景 139
7.1.2　模块工具的 TensorFlow 实现——不要重复造轮子 142
7.1.3　TensorFlow 高级模块 layers 的用法 143

7.2　ResNet 实战：CIFAR-100 数据集分类 150
7.2.1　CIFAR-100 数据集简介 151
7.2.2　ResNet 残差模块的实现 154

VIII | Keras 实战：基于 TensorFlow 2.2 的深度学习实践

  7.2.3 ResNet 网络的实现 156
  7.2.4 使用 ResNet 对 CIFAR-100 数据集进行分类 159
 7.3 ResNet 的兄弟——ResNeXt 160
  7.3.1 ResNeXt 诞生的背景 161
  7.3.2 ResNeXt 残差模块的实现 162
  7.3.3 ResNeXt 网络的实现 163
  7.3.4 ResNeXt 和 ResNet 的比较 165
 7.4 本章小结 166

第 8 章   Keras 实战——有趣的词嵌入ㅤㅤㅤㅤㅤㅤㅤㅤㅤㅤㅤㅤㅤㅤ167

 8.1 文本数据处理 167
  8.1.1 数据集和数据清洗 168
  8.1.2 停用词的使用 170
  8.1.3 词向量训练模型 word2vec 的使用 173
  8.1.4 文本主题的提取：基于 TF-IDF（选学） 176
  8.1.5 文本主题的提取：基于 TextRank（选学） 180
 8.2 更多的词嵌入方法——fastText 和预训练词向量 183
  8.2.1 fastText 的原理与基础算法 184
  8.2.2 fastText 训练以及与 TensorFlow 2.X 的协同使用 185
  8.2.3 使用其他预训练参数做 TensorFlow 词嵌入矩阵（中文） 192
 8.3 针对文本的卷积神经网络模型——字符卷积 193
  8.3.1 字符（非单词）文本的处理 193
  8.3.2 卷积神经网络文本分类模型的实现——conv1d（一维卷积） 201
 8.4 针对文本的卷积神经网络模型——词卷积 202
  8.4.1 单词的文本处理 203
  8.4.2 卷积神经网络文本分类模型的实现——conv2d（二维卷积） 205
 8.5 使用卷积对文本分类的补充内容 208
  8.5.1 中文的文本处理 209
  8.5.2 其他细节 211
 8.6 本章小结 212

第 9 章   Keras 实战——站在巨人肩膀上的情感分类实战ㅤㅤㅤㅤㅤ213

 9.1 GRU 与情感分类 213
  9.1.1 使用 GRU 的情感分类 213
  9.1.2 什么是 GRU 214
  9.1.3 TensorFlow 中的 GRU 层 217
  9.1.4 单向不行就双向 217
 9.2 站在巨人肩膀上的情感分类 218

  9.2.1　使用 TensorFlow 自带的模型做文本分类 219
  9.2.2　使用自定义的 DPCNN 做模型分类 223
 9.3　本章小结 227

第 1 章

深度学习与应用框架

深度学习（Deep Learning，DL）是机器学习（Machine Learning，ML）领域中的一个研究方向，作用是帮助机器学习项目更接近于人工智能（Artificial Intelligence）。

深度学习主要是学习样本数据的内在规律和表示层次，学习过程中获得的信息对诸如文字、图像和声音等数据的解释很有帮助。深度学习的最终目标是让机器能够像人一样具备分析能力，可以自动识别文字、图像和声音等数据。

深度学习是一个复杂的机器学习算法，目前在搜索技术、数据挖掘、机器学习、机器翻译、自然语言处理、多媒体学习、语音、推荐和个性化技术，以及其他相关领域都取得了令人瞩目的成果。深度学习解决了很多复杂的模式识别难题，使得人工智能相关技术取得了很大进步。

1.1 何为深度学习

深度学习是机器学习的一种，而机器学习是实现人工智能的必经之路。

深度学习的概念源于人工神经网络的研究，含多个隐藏层的多层感知机就是一种深度学习结构。深度学习通过组合低层特征形成更加抽象的高层来表示属性类别或特征，以发现数据的分布式特征表示。研究深度学习的动机在于建立模拟人脑进行分析学习的神经网络，它模仿人脑的机制来解释数据，例如图像、声音和文本等。

1.1.1 何为深度学习

深度学习从字面理解包含两个意思，分别是"深度"和"学习"。

1. 学习

抽象地说，学习就是一个认知的过程，从学习未知开始，到对已知的总结、归纳、思考与探索。例如，伸出一根手指就是 1，伸出两根手指就是 1 + 1 = 2。这是非常简单的一个探索和归纳过程，也是人类学习的最初形态。

总结来说，这种从已经有的信息通过计算、判定和推理而后得到一个认知结果的过程就是"学习"。这个所谓的"学习"和"深度学习"有什么关系呢？这里不妨更进一步地提出一个问题：对于同样的学习内容，为什么有的学生学得好，而有的学生学得差？这涉及"学习策略"和"学习方法"的问题。同样的题目，不同的学生具有不同的认知和思考过程，不同的认知得到的答案往往千差万别，归根结底也就是不同的学生具有不同的"学习策略"和"学习方法"。

用计算机去模拟人脑中的"学习策略"和"学习方法"，学术界探索出一套方法，被称为"神经网络"。这个词从字面上看和人脑有一些关系。在人脑中负责活动的基本单元是"神经元"，它以细胞体为主体，是由许多向周围延伸的不规则树枝状纤维构成的神经细胞。人脑中含有上百亿个神经元，这些神经元互相连接成一个庞大的结构，就称为"神经网络"，如图 1.1 所示。

图 1.1　神经网络

到目前为止，科学界还没有弄清楚人脑工作的具体过程和思考传递的方式，所以这个"神经网络"也只是模拟而已。

2. 深度

这里再介绍两个概念："输入"和"输出"。输入是已知的信息，输出是最终获得的认知结果。例如，在计算 1 + 1 = 2 的过程中，其中的"1"和"+"就是输入，得到的计算结果"2"就是输出。

随着输入的复杂性增强，当我们伸出 3 根手指时，正常的计算过程就是先计算 1 + 1 = 2，之后在得到 2 这个值的基础上再计算 2 + 1 = 3，这才是一个正常的计算过程。

笔者举这个例子是想向读者说明，数据的输入和计算随着输入数据的复杂性增加，需要一个层次化的计算过程，也就是将整体的计算过程分布到不同的"层次"上去计算。

图 1.2 展示了一个具有"层次"的深度学习模型，hidden layer 1 到 hidden layer n 是隐藏层，左边的 input layer 是输入层，右边的 output layer 则是输出层。如果这是一个计算题，那么在每个隐藏层中，都是对解题过程的一个步骤和细节进行处理。可以设想，随着隐藏层的增加以及隐藏层内部处理单元的增多，在一个步骤中处理的内容就会更多，应付的数据会更为复杂，能够给出的结果也就越多，因此可以在最大限度上对结果进行拟合，从而得到一个近似于"正确"的最终输出。

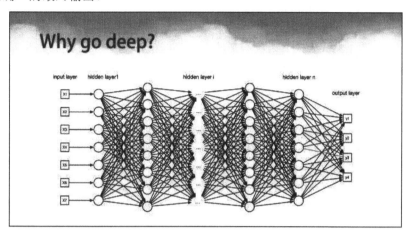

图 1.2　神经网络中的"深度"

总结来说，所谓"深度"就是人为使用不同层次不同任务目标的"分层"神经元去模拟整个输入输出过程的一种手段。

1.1.2　与传统的"浅层学习"的区别

在深度学习之前还有浅层学习。从前面对深度学习的解释和介绍来看，深度学习区别于传统的浅层学习，深度学习的不同在于：

- 强调了模型结构的深度，通常有5层、6层，甚至上百层隐藏层节点。
- 明确了特征学习的重要性。也就是说，通过逐层特征变换，将样本在原空间的特征表示变换到一个新特征空间，从而使分类或预测更容易。与人工规则构造特征的方法相比，利用大数据来学习特征更能够刻画数据丰富的内在信息。
- 通过设计建立适量的神经元计算节点和多层运算层次结构，选择合适的输入层和输出层，通过网络的学习和调优建立起从输入到输出的函数关系，即使不能100%找到输入与输出的函数关系，也可以尽可能逼近现实的关联关系。使用训练成功的网络模型，就可以实现我们对复杂事务处理的自动化要求。

1.2 开汽车或者制造汽车——深度学习入门

如果我们想**制造汽车**,恐怕要有很多年的理论功底以及工程制造方面雄厚的技术实践,如果我们只是想**开汽车**,就能很快学会。

想成为合格的司机,我们需要去了解汽油发动机原理吗?答案是"不需要",普通人只要会开车就行,如图 1.3 所示。因为我们开的车有可能根本就用不上汽油发动机(如果开的是电动车),或者说自然有汽车工程师去替我们解决这类问题,我们要做的无非就是注意交通安全,驾驶汽车平安迅捷地到达目的地。

图 1.3 我们对车的了解

本书的写作目的是教会读者如何使用深度学习去解决在现实中遇到的各种问题。下面通过一个最简单的例子向读者介绍如何使用深度学习去解决一个实际的问题——文本的情感分类。

> **说 明**
>
> 本例的目的是做一个演示,如果读者已经有这方面的基础,并且已经安装好基于 Keras 的开发环境,可以直接运行。如果没有,可以先大概看一下本例,了解深度学习的训练过程。笔者会在后续的章节中详细介绍每一步的过程和设计方法。

1.2.1 第一步:数据的准备

要进行深度学习的第一步也是最重要的一步,就是数据的准备。数据的来源多种多样,既有不同类型的数据集,也有根据项目需求由项目组自行准备的数据集。本例中笔者准备一份酒店评论的数据集,形式如图 1.4 所示。

```
1,绝对是超三星标准,地处商业区,购物还是很方便的,对门有家羊杂店,绝对正宗。
1,"1.设施一般,在北京不算好.2.服务还可以.3.出入还是比较方便的。"
1,总的来说可以,总是在这里住,公司客人还算满意。离公司超近,上楼上班,下楼下班。
1,房间设施难以够得上五星级,服务还不错,有送水果。
0,标准间太差,房间还不如三星的,而且设施非常陈旧。建议酒店把老的标准间重新改善。
0,服务态度极差,前台接待好像没有受过培训,连基本的礼貌都不懂,竟然同时接待
0,地理位置还不错,到哪里都比较方便,但是服务不像是豪生集团管理的,比较差。
0,我住的是靠马路的标准间。房间内设施简陋,并且房间玻璃窗户外还有一层幕墙玻璃。
```

图 1.4 一份酒店评论的数据集

这里由逗号将一个文本分成两部分,分别是情感分类和评价主体。其中标记为数字"1"的是正面评论,标记为数字"0"的是负面评论。

1.2.2 第二步:数据的处理

我们遇到的第一个问题就是数据的处理。对于计算机来说,直接的文本文字是计算机所不能理解的,因此一个最简单的办法是将文字转化成数字符号进行替代,之后对每个数字生成一个独一无二的"指纹",也就是"词嵌入(Word Embedding)"。在这里读者只需要将其理解成使用一个"指纹"来替代汉字字符。代码处理如下:

(1)创建 3 个"容器",对切分出的字符进行存储。

```
labels = []                 #用于存储情感分类,形如[1,1,1,0,0,0,1]
vocab = set()               #set 类型,用以存放不重复的字符
context = []                #存放文本列表
```

(2)读取字符和文本。

```
with open("ChnSentiCorp.txt",mode="r",encoding="UTF-8") as emotion_file:
    for line in emotion_file.readlines():     #读取 txt 文件
        line = line.strip().split(",")        #将每行数据以","进行分隔
        labels.append(int(line[0]))           #读取分类 label

        text = line[1]                        #获取每行的文本
        context.append(text)                  #存储文本内容
        for char in text:vocab.add(char)      #将字符依次读取到字库中,确保不产生重复
```

(3)读取字符并获得字符的长度。

```
voacb_list = list(sorted(vocab))    #将 set 类型的字库排序并转化成 list 格式
print(len(voacb_list))              #打印字符的个数:3508
```

(4)将文本内容转换成数字符号,并对长度进行补全。

```
token_list = []                     #创建一个存储句子数字的列表
for text in context:                #依次读取存储的每个句子
    #依次读取句子中的每个字并查询字符中的序号
    token = [voacb_list.index(char) for char in text]
```

```
    #以80个字符为长度对句子进行截取或者补全
    token = token[:80] + [0]*(80 - len(token))
    token_list.append(token)              #存储在token_list中
token_list = np.array(token_list)         #对存储的数据集进行格式化处理
labels = np.array(labels)                 #对存储的数据集进行格式化处理
```

1.2.3 第三步：模型的设计

对于深度学习而言，模型的设计是非常重要的内容，本例只是用于演示，采用的是最为简单的一个判别模型，代码如下（仅供演示，详细内容在后续章节中介绍）：

```
import tensorflow as tf                   #导入TensorFlow框架

input_token = tf.keras.Input(shape=(80,)) #创建一个占位符，固定输入的格式
#创建embedding层
embedding = tf.keras.layers.Embedding(input_dim=3508,output_dim=128)(input_token)
#使用双向GRU对数据特征进行提取
embedding = tf.keras.layers.Bidirectional(tf.keras.layers.GRU(128))(embedding)
#以全连接层作为分类器对数据进行分类
output = tf.keras.layers.Dense(2,activation=tf.nn.softmax)(embedding)

model = tf.keras.Model(input_token,output) #组合模型
```

1.2.4 第四步：模型的训练

下面一步是对模型的训练。这里需要定义模型的一些训练参数，如优化器、损失函数、准确率的衡量，以及训练的循环次数等。代码如下（这里不要求读者理解，能够运行即可）：

```
model.compile(optimizer='adam', loss=tf.keras.losses.sparse_categorical_crossentropy, metrics=['accuracy'])
                       #定义优化器、损失函数以及准确率

model.fit(token_list, labels,epochs=10,verbose=2)  #输入训练数据和label
```

完整的程序代码如程序1-1所示。

【程序1-1】

```
import numpy as np

labels = []
context = []
vocab = set()
with open("ChnSentiCorp.txt",mode="r",encoding="UTF-8") as emotion_file:
    for line in emotion_file.readlines():
```

```python
        line = line.strip().split(",")
        labels.append(int(line[0]))

        text = line[1]
        context.append(text)
        for char in text:vocab.add(char)

voacb_list = list(sorted(vocab))    #3508
print(len(voacb_list))

token_list = []
for text in context:
    token = [voacb_list.index(char) for char in text]
    token = token[:80] + [0]*(80 - len(token))
    token_list.append(token)

token_list = np.array(token_list)
labels = np.array(labels)

import tensorflow as tf

input_token = tf.keras.Input(shape=(80,))
embedding = tf.keras.layers.Embedding(input_dim=3508,output_dim=128)(input_token)
embedding = tf.keras.layers.Bidirectional(tf.keras.layers.GRU(128))(embedding)
output = tf.keras.layers.Dense(2,activation=tf.nn.softmax)(embedding)

model = tf.keras.Model(input_token,output)

model.compile(optimizer='adam',
loss=tf.keras.losses.sparse_categorical_crossentropy, metrics=['accuracy'])
# 模型拟合, 即训练
model.fit(token_list, labels,epochs=10,verbose=2)
```

1.2.5 第五步：模型的结果和展示

最后一步是模型的结果展示，这里使用 epochs=10，即运行 10 轮对数据进行训练，结果如图 1.5 所示。

```
7765/7765 - 5s - loss: 0.1538 - accuracy: 0.9397
Epoch 7/10
7765/7765 - 5s - loss: 0.1333 - accuracy: 0.9428
Epoch 8/10
7765/7765 - 5s - loss: 0.1173 - accuracy: 0.9540
Epoch 9/10
7765/7765 - 5s - loss: 0.0946 - accuracy: 0.9624
Epoch 10/10
7765/7765 - 5s - loss: 0.0844 - accuracy: 0.9668
```

图 1.5　结果展示

可以看到，经过 10 轮训练后，准确率达到了 96%，这是一个不错的成绩。

1.3　深度学习的流程、应用场景和模型分类

1.3.1　深度学习的流程与应用场景

从前面的例子可以看到，深度学习的一般流程无外乎以下几步：

（1）数据预处理：不管什么任务，数据的处理都是解决问题的关键步骤。

（2）模型搭建：可以自己搭建自己的模型，也可以根据任务利用经典的模型进行细微调整。

（3）训练模型：有了模型、数据之后，可以把数据"喂"给模型，让模型自行学习，直至模型收敛。

（4）结果可视化：在训练过程中，对一些指标进行可视化（比如 loss 损失函数的变化曲线等），可以辅助对已学习模型的判断，也可以辅助模型的验证选择。

（5）测试（预测）：基于训练好的模型对新的数据进行预测是模型训练的最终目标。

深度学习的应用场景和领域很多（见图 1.6），目前主要是计算机视觉和自然语言处理，以及各种预测等。对于计算机视觉，可以用于图像分类、目标检测、视频中的目标检测等；对于自然语言处理，可以用于语音识别、语音合成、对话系统、机器翻译、文章摘要、情感分析等，还可以结合图像、视频和语音一起发挥价值。还可以深入某一个行业领域。例如，深入医学行业领域，用于医学影像的识别；深入淘宝的穿衣领域，用于衣服搭配或衣服款型的识别；深入保险业、通信业的客服领域，用于对话机器人的智能问答系统；深入智能家居领域，用于人机的自然语言交互等。

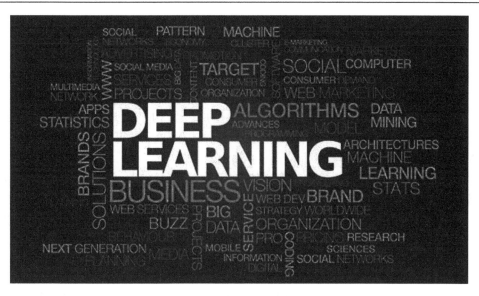

图 1.6 深度学习应用场景

总之，适合采用深度学习的任务应具备这样一些特点：

（1）具备大量样本数据。深度学习是需要大量数据作为基础的，如果样本数据难以获取或者数量太少，一般就不适合采用深度学习技术来解决。

（2）样本数据对场景的覆盖度足够完善。深度学习模型的效果完全依赖样本数据表现，如果出现样本数据外的情况，模型的推广性会变差。

（3）结果对可解释性的要求不高。如果应用场景不仅要机器能够完成某项任务，还需对完成过程有明确的可解释性，那么这样的场景就不那么适合采用深度学习。

1.3.2 深度学习的模型分类

典型的深度学习模型有卷积神经网络（Convolutional Neural Network，CNN）、深度置信网络（Deep Believe Net，DBN）和堆栈自编码网络（Stacked AutoEncoder Network，SAEN）模型等。其主要的思想就是模拟人的神经元，每个神经元接收到信息，处理完毕后传递给与之相邻的所有神经元。

1. 卷积神经网络模型

在无监督预训练出现之前，训练深度神经网络通常非常困难，其中一个特例就是卷积神经网络。卷积神经网络受视觉系统的结构启发而产生。

最初卷积神经网络计算模型是根据人类视神经研究提出的，其基于视觉神经元之间的局部连接和分层组织图像转换，将有相同参数的神经元应用于前一层神经网络的不同位置，得到一种平移不变神经网络结构形式。

后来，Le Cun 等人在该思想的基础上用误差梯度设计并训练卷积神经网络，在一些模式识别任务上得到优越的性能。至今，基于卷积神经网络的模式识别系统是最好的实现系统之一，尤其是在物体的识别、检测和追踪任务上表现出非凡的性能。

2. 深度置信网络模型

深度置信网络模型可以解释为贝叶斯概率生成模型，由多层随机隐变量组成，上面的两层具有无向对称连接，下面的层得到来自上一层自顶向下的有向连接，最底层单元的状态为可见输入数据向量。

深度置信网络模型由多个结构单元堆栈组成，结构单元通常为 RBM（Restllcted Boltzmann Machine，受限玻尔兹曼机）。堆栈中每个 RBM 单元的可视层神经元数量等于前一个 RBM 单元的隐藏层神经元数量。

根据深度学习机制，采用输入样例训练第一层 RBM 单元，并利用其输出训练第二层 RBM 模型，将 RBM 模型通过堆栈增加层来改善模型性能。在无监督预训练过程中，DBN 编码输入到顶层 RBM 后，解码顶层的状态到最底层的单元，实现输入的重构。RBM 作为 DBN 的结构单元，与每一层 DBN 共享参数。

3. 堆栈自编码网络模型

堆栈自编码网络的结构与 DBN 类似，由若干结构单元堆栈组成，不同之处在于其结构单元为自编码模型（auto-encoder）而不是 RBM。自编码模型是一个两层的神经网络：第一层称为编码层，第二层称为解码层。

图 1.7 向读者展示了更为细分的深度学习模型和训练分类。随着对深度学习的研究深入，不仅仅单纯从模型的构建来分类，还有训练方式、构建架构等更为细分的分类方法。

图 1.7　深度学习的模型分类

1.4 主流深度学习框架对比

工欲善其事，必先利其器。

读者选择深度学习时，首先会碰到一个非常重要的问题：选择哪个深度学习框架作为学习和使用的主力框架？图 1.8 是目前市场上能看到的一些深度学习框架。

图 1.8 深度学习框架

1.4.1 深度学习框架的选择

从笔者的经验来看，无论前端技术框架、后端技术框架，还是深度学习技术框架，在决定使用前，都需要考虑以下几个方面，也就是在选型上通用的依据。

1. 性能方面

性能方面一部分主要由实现该框架的程序设计语言决定，还有一小部分由框架实现的架构决定。理论上说，运行最快的仍旧是 C 或 C++程序设计语言编写的程序，与 CPU 指令越接近，程序设计语言的效率就越高。

在真正的工程应用中，造成的差距多来自于样本的数量和网络设计等方面，差距往往是 10 倍甚至 100 倍。程序设计语言的效率与其相比几乎可以忽略不计。所以，程序设计语言的性能就不是最主要的参考标准了。

2. 社区的活跃度

这些技术框架的社区活跃度是非常重要的参考因素。活跃的社区就意味着很多人在使用这个框架，会有更多人贡献代码、提交 bug、修复 bug，因此用它做项目的风险非常小，而初学者学起来比较容易（入门教程会比较多），也会少踩很多坑。

3. 深度学习语言

深度学习框架几乎都支持 Python 的"驱动",或者俗称为接口。也不排除少部分框架只支持原生接口,这就不太适合初学者去学习了。

本书采用的 Keras 在这些方面做得都非常不错:

(1)有非常活跃的社区。

(2)后端的 TensorFlow 由谷歌开发和维护,比较有保障。

(3)采用 Python 语言,性能虽然不够快,但是满足目前绝大多数工作要求,往往那种数量级效率的提升是无法通过变更一个框架实现的。

总的来讲,Keras 是现有深度学习框架中比较适合用来进行工程应用的框架。

1.4.2 Keras 与 TensorFlow

TensorFlow 和 Keras 都是深度学习框架。相对于 Keras 来说,TensorFlow 比较灵活,但是难以入门。TensorFlow 实质上就是一个微分器,而 Keras 其实是使用 TensorFlow 与 Keras 的接口(Keras 作为前端,TensorFlow 作为后端)构建的深度学习框架(见图 1.9)。Keras 对于初学者来说较为友善,帮助文档丰富、社区活跃,并且比较易学。可以把 Keras 看作 TensorFlow 封装后的一个 API。

在前面的程序 1-1 中,笔者使用了大量的 tf.keras.*。tf 是 TensorFlow 的缩写,也就是说在这个版本的 TensorFlow 中,Keras 作为一个封装在 TensorFlow 中的接口很容易被 TensorFlow 调用,这种易用性可以帮助使用者更好地完成任务。

图 1.9 Keras 与 TensorFlow

总而言之,当前 Keras 与 TensorFlow 紧密结合在一起,各自发挥着自己的长处,准确、便捷地给使用者提供帮助。

1.5 本章小结

本章介绍了深度学习的一些相关内容，也实战了一个简单的例子。从例子来看，使用深度学习去解决特定任务并不是难事。当然，在你真正掌握处理的步骤和方法之前还有很长的一段路要走，希望本书能够引导读者入门。

第 2 章

Hello TensorFlow & Keras

从本章开始将正式进入深度学习部分。

解决问题往往需要大量的工具支持,深度学习也不例外。一个得心应手的工具是必不可少的,而 TensorFlow 就是这个工具。第 1 章列举了情感分类的实战,以供参考,相信读者会对使用 Keras 调用 TensorFlow 解决情感分类的问题所涉及的代码量感到吃惊,事实上也是如此。在本章把 Keras 的环境搭建好,就可以测试上一章的例子了。

本章首先介绍 TensorFlow 的安装,然后以 Keras 为基础进行深度学习,这也是 TensorFlow 官方所推荐的学习步骤。

2.1 TensorFlow 的环境安装

Python 是深度学习的首选开发语言,很多第三方提供的集成大量科学计算类库的 Python 标准安装包最常用的是 Anaconda。

Python 是一个脚本语言,如果不使用 Anaconda,那么第三方库的安装会较为困难,各个库之间的依赖性就很难连接得很好。因此,这里推荐安装 Anaconda 来替代 Python。

2.1.1 Anaconda 的下载与安装

1. 下载和安装

Anaconda 官方的下载地址是 https://www.anaconda.com/distribution/(见图 2.1,不推荐,请继续阅读,后面解释)。

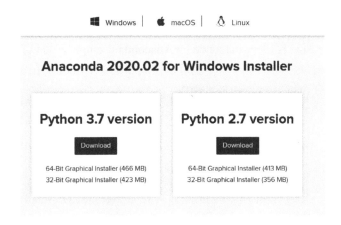

图 2.1　Anaconda 下载页面

目前提供的是集成了 Python 3.7 版本的 Anaconda 下载，如果读者目前使用的是 Python 3.6 也是完全可以的。无论是 3.7 还是 3.6 版本的 Python，都不会影响 TensorFlow 2.2 的使用。读者可以根据自己的操作系统选择下载。

（1）笔者推荐使用 Windows Python 3.6 版本。当然，读者也可以根据自己的喜好选择。集成 Python 3.6 版本的 Anaconda 可以在清华大学 Anaconda 镜像网站下载，地址为 https://mirrors.tuna.tsinghua.edu.cn/anaconda/archive/，打开后如图 2.2 所示。

图 2.2　清华大学 Anaconda 镜像网站提供的副本

> **注　意**
>
> 如果是 64 位操作系统，就选择以 Anaconda3 开头、以 64 结尾的安装文件，不要下载错了！

（2）下载完成后得到的文件是 exe 版本，直接运行即可进入安装过程。安装完成以后，若出现如图 2.3 所示的目录结构，则说明安装正确。

图 2.3　Anaconda 安装目录

2. 打开控制台

依次单击"开始→所有程序→Anaconda3→Anaconda Prompt"，可以打开 Anaconda Prompt 窗口。它与 CMD 控制台类似，输入命令就可以控制和配置 Python。在 Anaconda 中最常用的是 conda 命令，该命令可以执行一些基本操作。

3. 验证Python

在控制台中输入"python"，若安装正确，则会打印出版本号以及控制符号。在控制符号后输入代码：

```
print("hello Python")
```

输出结果如图 2.4 所示。

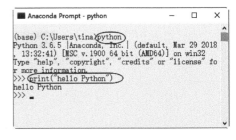

图 2.4　验证 Anaconda Python 安装成功

4. 使用conda命令

使用 Anaconda 的好处在于，它能够很方便地安装和使用大量第三方类库。查看已安装的第三方类库的代码是：

```
conda list
```

> **注　意**
>
> 如果此时命令行还在>>>状态，可以输入"exit()"退出。

在 Anaconda Prompt 控制台中输入"conda list"，结果如图 2.5 所示。

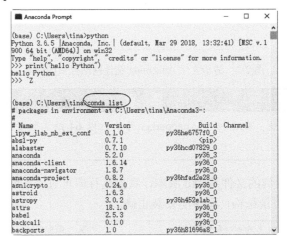

图 2.5　列出已安装的第三方类库

Anaconda 中使用 conda 进行操作的方法还有很多，其中最重要的是安装第三方类库，命令如下：

```
conda install name
```

这里的 name 是需要安装的第三方类库名，例如需要安装 NumPy 包（这个包已经安装过），那么输入的命令就是：

```
conda install numpy
```

运行结果如图 2.6 所示。

图 2.6 自动获取或更新依赖类库

使用 Anaconda 的一个特别好处就是默认安装好了大部分学习所需的第三类库，避免了使用者在安装和使用某个特定类库时可能出现的依赖类库缺失的情况。

2.1.2 Python 编译器 PyCharm 的安装

和其他语言类似，Python 程序的编写可以使用 Windows 自带的控制台进行，但是对于较为复杂的程序工程来说这种方式容易混淆相互之间的层级和交互文件。因此，在编写程序工程时，笔者建议使用专用的 Python 编译器 PyCharm。

1. PyCharm的下载和安装

PyCharm 的下载地址为 http://www.jetbrains.com/pycharm/。

（1）进入 Download 页面后可以选择不同的版本，收费的专业版和免费的社区版，如图 2.7 所示。这里选择免费的社区版即可。

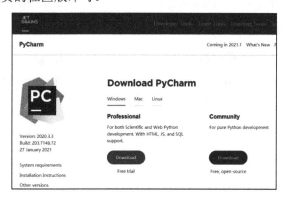

图 2.7 PyCharm 的免费版

（2）双击运行后进入安装界面，如图 2.8 所示。直接单击 Next 按钮，采用默认安装即可。

图 2.8　PyCharm 的安装文件

（3）在安装 PyCharm 的过程中需要对安装的位数进行选择，如图 2.9 所示。这里建议读者选择与已安装的 Python 相同位数的文件。

（4）安装完成后单击 Finish 按钮，如图 2.10 所示。

图 2.9　PyCharm 的配置选择（按个人真实情况选择）　　图 2.10　PyCharm 安装完成

2. 使用PyCharm创建程序

（1）单击桌面上新生成的 图标进入 PyCharm 程序界面，首先是第一次启动的定位，如图 2.11 所示。这里是对程序存储的定位，一般建议选择第 2 个，由 PyCharm 自动指定即可。之后在弹出的对话框中单击 Accept 按钮，接受相应的协议。

（2）接受协议后进入界面配置选项窗口，如图 2.12 所示。

图 2.11　PyCharm 启动定位

图 2.12　PyCharm 界面配置

（3）在配置区域可以选择自己的使用风格，对 PyCharm 的界面进行配置。如果对其不熟悉，直接单击 OK 按钮，使用默认配置即可。

（4）创建一个新的工程，如图 2.13 所示。这里建议新建一个 PyCharm 的工程文件，如图 2.14 所示。

图 2.13　PyCharm 工程创建界面

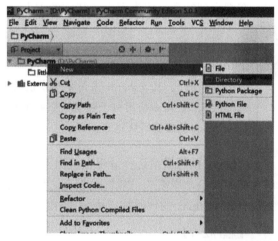

图 2.14　PyCharm 新建文件界面

之后右击新建的工程名 PyCharm，选择 New | Python File 菜单，新建一个 helloworld 文件（见图 2.15）。

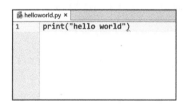

图 2.15　PyCharm 工程创建界面

输入代码并单击菜单栏中的 Run | run…；或者直接右击 helloworld.py 文件名，在弹出的快捷菜单中选择 run。如果成功输出"hello world"，那么恭喜你，Python 与 PyCharm 的配置完成了！

2.1.3 使用 Python 计算 softmax 函数

对于 Python 科学计算来说,最简单的想法就是将数学公式直接表达成程序语言,可以说 Python 满足了这个想法。本小节将使用 Python 实现和计算一个深度学习中最为常见的函数——softmax 函数。至于这个函数的作用,现在不加以说明,笔者只是带领读者尝试实现其程序的编写。

softmax 的计算公式如下所示:

$$s_i = \frac{e^{V_i}}{\sum_{0}^{j} e^{V_i}}$$

其中,V_i 是长度为 j 的数列 V 中的一个数,带入 softmax 的结果实际上就是先对每一个 V_i 计算以 e 为底、V_i 为幂次项的值,然后除以所有项之和进行归一化,之后每个 V_i 就可以解释成:在观察到的数据集类别中,特定的 V_i 属于某个类别的概率或者称作似然(Likelihood)。

> **提 示**
>
> softmax 用以解决概率计算中概率结果大而占绝对优势的问题。例如,函数计算结果中有两个值 a 和 b,且 $a>b$,如果简单地以值的大小为单位衡量,那么在后续的使用过程中 a 永远被选用,而 b 使用由于数值较小而不被选用,但是有时候也需要使用数值小的 b,那么 softmax 就可以解决这个问题。

softmax 按照概率选择 a 和 b,由于 a 的概率值大于 b,在计算时 a 经常会被取得,而 b 由于概率较小,取得的可能性也较小,但是也有概率被取得。

公式 softmax 的代码如下所示:

【程序2-1】

```
import numpy
def softmax(inMatrix):
    m,n = numpy.shape(inMatrix)
    outMatrix = numpy.mat(numpy.zeros((m,n)))
    soft_sum = 0
    for idx in range(0,n):
        outMatrix[0,idx] = math.exp(inMatrix[0,idx])
        soft_sum += outMatrix[0,idx]
    for idx in range(0,n):
        outMatrix[0,idx] = outMatrix[0,idx] / soft_sum
    return outMatrix
```

可以看到,当传入一个数列后,分别计算每个数值所对应的指数函数值,之后将其相加后计算每个数值在数值和中的概率。

```
           a = numpy.array([[1,2,1,2,1,1,3]])
```

结果如下所示：

```
[[ 0.05943317  0.16155612  0.05943317  0.16155612  0.05943317  0.05943317
   0.43915506]]
```

2.2　搭建环境 2：安装 TensorFlow 2.2

Python 运行环境调试完毕后，下面的重点就是安装 TensorFlow 2.2。

2.2.1　安装 TensorFlow 2.2 的 CPU 版本

首先是对版本的选择。读者可以直接在 Anaconda 命令端输入一个错误的命令：

```
pip install tensorflow==3.0
```

目的是查询当前的 TensorFlow 版本。笔者在写作这本书时所获取的 TensorFlow 版本如图 2.16 所示。

图 2.16　TensorFlow 版本汇总

可以看到，最新的版本是 2.3.0rc0。名字中包含 rc 字样的一般为测试版，不建议读者安装。如果读者想安装 CPU 版本的 TensorFlow，可以直接在当前的 Anaconda 输入如下命令：

```
pip install tensorflow==2.2.0
```

> **说　明**
>
> 如果安装速度太慢，也可以选择国内的镜像源，通过 -i 指明地址，例如：
> pip install -U tensorflow -i https://pypi.tuna.tsinghua.edu.cn/simple

2.2.2　安装 TensorFlow 2.2 的 GPU 版本

从 CPU 版本的 TensorFlow 2.2 开始深度学习之旅是完全可以的，但是不是笔者推荐的。相对于 GPU 版本的 TensorFlow 来说，CPU 版本的运行速度有很大的劣势，很有可能会让我们的深度学习止步于前。

实际上，配置一块能够达到最低 TensorFlow 2.2 GPU 版本的显卡（见图 2.17）并不需要花费很多，从网上购买一块标准的 NVIDA 750ti 显卡就能够基本满足读者起步阶段的基本需求。需要强调的是，最好购置显存为 4GB 的版本，如果有条件，NVIDA 1050ti 4G 版本就是一个不错的选择。

> **注 意**
>
> 推荐购买 NVIDA 系列的显卡，并且优先考虑大显存的。

图 2.17 深度学习显卡

下面是本节的重头戏——TensorFlow 2.2 GPU 版本前置软件的安装。对于 GPU 版本的 TensorFlow 2.2 来说，由于调用了 NVIDA 显卡作为其代码运行的主要工具，因此额外需要 NVIDA 提供的运行库作为运行基础。

（1）首先是版本的问题，笔者目前使用的 TensorFlow 2.2 运行的 NVIDA 运行库版本如下：

- CUDA版本：10.1。
- CuDNN版本：7.6.5。

对应的版本一定要配合使用，建议不要改动，直接下载就可以。
CUDA 的下载地址如下，界面如图 2.18 所示。

图 2.18 下载 CUDA 文件

```
https://developer.nvidia.com/cuda-10.1-download-archive?target_os=Windows&
target_arch=x86_64&target_version=10&target_type=exelocal
```

直接下载 local 版本安装即可。

（2）下载下来的是一个 exe 文件，不要修改其中的路径信息，完全使用默认路径安装即可。

（3）下载和安装对应的 cuDNN 文件，地址为 https://developer.nvidia.com/rdp/cudnn-archive。下载 cuDNN 时需要先注册一个用户，之后会直接进入下载页面，如图 2.19 所示。

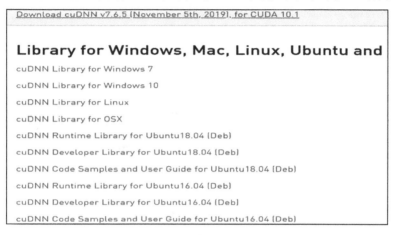

图 2.19　下载 cuDNN 文件

注　意

一定要找到对应的版本号，不要选择错误的版本。

（4）cuDNN 的安装。下载的 cuDNN 是一个压缩文件，直接将其解压到 CUDA 安装目录即可，如图 2.20 所示。

图 2.20　CUDA 安装目录

（5）设置环境变量。这里需要将 CUDA 的运行路径加载到环境变量的 path 中，如图 2.21 所示。

图 2.21　将 CUDA 路径加载到环境变量的 path 中

（6）完成 TensorFlow 2.2 GPU 版本的安装（见图 2.22），需一行简单的代码：

```
pip install tensorflow-GPU=2.2.0
```

图 2.22　安装 TensorFlow 2.2 GPU

完成 TensorFlow 的安装后，依次输入如下命令可以验证安装是否成功，效果如图 2.23 所示。

```
python
import tensorflow as tf
tf.constant(1.)+ tf.constant(1.)
```

图 2.23　验证 TensorFlow 2.2 安装是否成功

图 2.23 中打印出了计算结果，即 numpy=2.0（以 numpy 通用格式存储的一个浮点数 2.0）。或者打开前面安装的 PyCharm IDE，新建一个项目，再新建一个 .py 文件，输入如下代码：

【程序2-2】

```
import tensorflow as tf
text = tf.constant("Hello Tensorflow 2.2")
print(text)
```

打印结果如图 2.24 所示。

```
tf.Tensor(b'Hello Tensorflow 2.2', shape=(), dtype=string)
```

图 2.24　打印结果

2.3　TensorFlow & Keras

神经网络专家 Rachel Thomas 曾经说过,"接触 TensorFlow 后,感觉我还是不够聪明,但有了 Keras 之后,事情变得简单了一些。"

Keras 是一个高级别的 Python 神经网络框架,能在 TensorFlow 上运行,拥有丰富的对数据的封装和一些先进模型的实现,避免了"重复造轮子"。换言之,Keras 对于提升开发者的开发效率来讲意义重大。

"不要重复造轮子。"这是 TensorFlow 引入 Keras API 的最终目的,也是本书写作的目的,可以便捷地编写深度学习程序。

本章非常重要,强烈建议读者独立完成每个完整代码和代码段的编写。

2.3.1　模型!模型!模型!还是模型

深度学习的核心是就是模型。建立神经网络模型去拟合目标的形态就是深度学习的精髓。

任何一个神经网络的主要设计思想和功能都集中在模型中。TensorFlow 也是如此。

TensorFlow 或者其使用的高级 API-Keras 核心数据结构是模型(Model),一种组织网络层的方式。最简单的模型是 Sequential(顺序模型),它由多个网络层线性堆叠。对于更复杂的结构,应该使用 Keras 函数式 API(本书的重点就是函数式 API 编写),其允许构建任意神经网络图。

为了便于理解和易于上手,笔者首先从顺序模型开始。一个标准的顺序模型如下:

```
# Flatten
```

```
model = tf.keras.models.Sequential()              #创建一个顺序模型
# Add layers
model.add(tf.keras.layers.Dense(256, activation="relu"))    #依次添加层
model.add(tf.keras.layers.Dense(128, activation="relu"))    #依次添加层
model.add(tf.keras.layers.Dense(2, activation="softmax"))   #依次添加层
```

这里首先创建了一个顺序模型，之后根据需要逐级向其中添加不同的全连接层。全连接层的作用是进行矩阵计算，而相互之间又通过不同的激活函数进行激活计算。（这种没有输入输出值的编程方式对有经验的程序设计人员来说并不友好，仅供举例。）

对于损失函数的计算，根据不同拟合方式和数据集的特点，需要建立不同的损失函数最大限度地反馈拟合曲线错误。这里的损失函数采用交叉熵函数（softmax_crossentroy），使得数据计算分布能够最大限度地拟合目标值。如果对此感到陌生，只需要记住这些名词和下面的代码编写即可继续往下学习：

```
logits = model(_data)                             #固定写法
loss_value = tf.reduce_mean(tf.keras.losses.categorical_crossentropy(y_true
= lable,y_pred = logits))                         #固定写法
```

首先通过模型计算出对应的值。这里内部采用的是前向调用函数，读者知道即可。之后用 tf.reduce_mean 计算出损失函数。模型建立完毕后，就是数据的准备了。一份简单而标准的数据、一个简单而具有指导思想的例子往往事半功倍。深度学习中最常用的一个入门例子就是 iris 分类。下面就使用 TensorFlow 的 Keras 模式实现一个 iris 鸢尾花分类的例子。

2.3.2　使用 Keras API 实现鸢尾花分类的例子（顺序模型）

iris 数据集是常用的分类实验数据集，由 Fisher 于 1936 年收集整理。iris 也称鸢尾花卉数据集（见图 2.25），是一类多重变量分析的数据集。iris 数据集包含 150 个数据，分为 3 类，每类 50 个数据，每个数据包含 4 个属性。可以通过花萼长度、花萼宽度、花瓣长度、花瓣宽度 4 个属性预测鸢尾花卉属于 Setosa、Versicolour、Virginica 中的哪一类。

图 2.25　鸢尾花

1. 数据的准备

不需要读者下载这个数据集，一般常用的机器学习工具自带 iris 数据集。引入数据集的代

码如下:

```
from sklearn.datasets import load_iris
data = load_iris()
```

这里调用的是 skleran 数据库中的 iris 数据集,直接载入即可。

其中的数据又是以 key-value 值对应存放,key 值如下:

```
dict_keys(['data', 'target', 'target_names', 'DESCR', 'feature_names'])
```

由于本例中需要 iris 的特征与分类目标,因此这里只需要获取 data 和 target,代码如下:

```
from sklearn.datasets import load_iris
data = load_iris()
iris_target = data.target
iris_data = np.float32(data.data)          #将其转化为 float 类型的 list
```

数据打印结果如图 2.26 所示。

```
[[5.1 3.5 1.4 0.2]
 [4.9 3.  1.4 0.2]
 [4.7 3.2 1.3 0.2]
 [4.6 3.1 1.5 0.2]
 [5.  3.6 1.4 0.2]]
[0 0 0 0 0]
```

图 2.26 数据打印结果

这里打印了前 5 条数据,可以看到 iris 数据集分为 4 条不同的特征进行数据记录,而每条特征又对应于一个分类表示。

2. 数据的处理

下面是数据处理部分,对特征的表示不需要变动。对于分类表示的结果,全部打印结果如图 2.27 所示。

```
[0 0 0 0 0 0 0 0 0 0 0 0 0 0 0 0 0 0 0 0 0 0 0 0 0 0 0 0 0 0 0 0 0 0 0 0
 0 0 0 0 0 0 0 0 0 0 0 0 0 0 1 1 1 1 1 1 1 1 1 1 1 1 1 1 1 1 1 1 1 1 1 1
 1 1 1 1 1 1 1 1 1 1 1 1 1 1 1 1 1 1 1 1 1 1 1 1 1 1 1 1 2 2 2 2 2 2 2 2
 2 2 2 2 2 2 2 2 2 2 2 2 2 2 2 2 2 2 2 2 2 2 2 2 2 2 2 2 2 2 2 2 2 2 2 2
 2 2]
```

图 2.27 数据处理

这里按数字分成了 3 类(0、1 和 2 分别代表 3 种类型)。按直接计算的思路可以将数据结果向固定的数字进行拟合,这是一个回归问题,即通过回归曲线去拟合出最终结果。但是本例实际上是一个分类任务,因此需要对其进行分类处理。

分类处理的一个非常简单的方法就是进行独热编码(One-Hot Encoding)处理,即将一个序列化数据分到不同的数据领域空间进行表示,如图 2.28 所示。

```
[[1. 0. 0.]
 [1. 0. 0.]
 [1. 0. 0.]
 [1. 0. 0.]
 [1. 0. 0.]
 [1. 0. 0.]]
```

图 2.28　独热编码处理

具体到程序处理上，读者既可以手动实现用独热编码来表示，也可以使用 Keras 自带的分散工具对数据进行处理，代码如下：

```
iris_target = np.float32(tf.keras.utils.to_categorical(iris_target, num_classes=3))
```

这里的 num_classes 表示分成了 3 类，用一行三列对每个类别进行表示。

交叉熵函数与分散化表示的方法超出了本书的讲解范围，这里不再过多介绍，读者只需要知道交叉熵函数需要和 softmax 配合、从分布上向离散空间靠拢即可。

```
iris_data = tf.data.Dataset.from_tensor_slices(iris_data).batch(50)
iris_target = tf.data.Dataset.from_tensor_slices(iris_target).batch(50)
```

当生成的数据读取到内存中并准备以批量的形式打印时使用的是 tf.data.Dataset.from_tensor_slices 函数，并且可以根据具体情况对 batch 进行设置。有关 tf.data.Dataset 函数更多的细节和用法在后面章节中会专门介绍。

3. 梯度更新函数的写法

梯度更新函数是根据误差的幅度对数据进行更新的方法，代码如下：

```
grads = tape.gradient(loss_value, model.trainable_variables)
opt.apply_gradients(zip(grads, model.trainable_variables))
```

与前面线性回归例子的差别是，model 会对模型内部所有可更新的参数根据回传误差进行自动的参数更新，而无须人工指定更新模型内的哪些参数，这点请读者注意。人为指定和排除某些参数的方法属于高级程序设计，在后面的章节会提到。

【程序2-3】

```
import tensorflow as tf
import numpy as np
from sklearn.datasets import load_iris
data = load_iris()
iris_target = data.target
iris_data = np.float32(data.data)
iris_target = np.float32(tf.keras.utils.to_categorical(iris_target, num_classes=3))
iris_data = tf.data.Dataset.from_tensor_slices(iris_data).batch(50)
iris_target = tf.data.Dataset.from_tensor_slices(iris_target).batch(50)
model = tf.keras.models.Sequential()
```

```python
# Add layers
model.add(tf.keras.layers.Dense(32, activation="relu"))
model.add(tf.keras.layers.Dense(64, activation="relu"))
model.add(tf.keras.layers.Dense(3,activation="softmax"))
opt = tf.optimizers.Adam(1e-3)
for epoch in range(1000):
    for _data,lable in zip(iris_data,iris_target):
        with tf.GradientTape() as tape:
            logits = model(_data)
            loss_value = tf.reduce_mean(tf.keras.losses.categorical_crossentropy(y_true = lable,y_pred = logits))
            grads = tape.gradient(loss_value, model.trainable_variables)
            opt.apply_gradients(zip(grads, model.trainable_variables))
    print('Training loss is :', loss_value.numpy())
```

最终打印结果如图 2.29 所示。可以看到损失值在符合要求的条件下不断地降低，最终达到预期目标。

```
Training loss is : 0.06653369
Training loss is : 0.066514015
Training loss is : 0.0664944
Training loss is : 0.06647475
Training loss is : 0.06645504

Process finished with exit code 0
```

图 2.29　打印结果

2.3.3　使用 Keras 函数式编程实现鸢尾花分类的例子（重点）

顺序编程过于抽象，同时缺乏自由度，因此在较为高级的程序设计中达不到程序设计的目标。

Keras 函数式编程是定义复杂模型（如多输出模型、有向无环图或具有共享层的模型）的方法。

下面从一个简单的例子开始。程序 2-3 建立模型的方法是使用顺序编程，即通过逐级添加的方式将数据 add 到模型中。这种方式在较低级水平的编程上可以较好地减轻编程的难度，但是在自由度方面会有非常大的影响，比如需要对输入的数据进行重新计算时顺序编程方法就不合适。

函数式编程方法类似于传统的编程，只需要建立模型导入输出和输出"形式参数"即可。有 TensorFlow 1.X 编程基础的读者可以将其看作一种新格式的"占位符"。代码如下：

```python
inputs = tf.keras.layers.Input(shape=(4,))
# 层的实例是可调用的，以张量为参数，并且返回一个张量
x = tf.keras.layers.Dense(32, activation='relu')(inputs)
x = tf.keras.layers.Dense(64, activation='relu')(x)
predictions = tf.keras.layers.Dense(3, activation='softmax')(x)
```

```
# 创建一个包含输入层和三个全连接层的模型
model = tf.keras.Model(inputs=inputs, outputs=predictions)
```

下面开始逐步对其进行分析。

1. 输入端

首先是 Input 的形参：

```
inputs = tf.keras.layers.Input(shape=(4,))
```

这一点需要从源码上来看，代码如下：

```
tf.keras.Input(
    shape=None,
    batch_size=None,
    name=None,
    dtype=None,
    sparse=False,
    tensor=None,
    **kwargs
)
```

Input 函数用于实例化 Keras 张量。Keras 张量是来自底层后端输入的张量对象，其中增加了某些属性，使其能够通过了解模型的输入和输出来构建 Keras 模型。

Input 函数的参数：

- shape：形状元组（整数），不包括批量大小。例如，shape=(32,)表示预期的输入将是32维向量的批次。
- batch_size：可选的静态批量大小（整数）。
- name：图层的可选名称字符串。在模型中应该是唯一的（不要重复使用相同的名称两次）。如果未提供，它将自动生成。
- dtype：数据类型，即预期输入的数据格式，一般有float32、float64、int32等类型。
- sparse：一个布尔值，指定是否创建占位符是稀疏的。
- tensor：可选的现有张量包裹到Input图层中。如果设置，图层将不会创建占位符张量。
- **kwargs：其他的一些参数。

上面是官方对其参数所做的解释，可以看到这里的 Input 函数就是根据设定的维度大小生成一个可供存放对象的张量空间，维度就是 shape 中设定的维度。

> **注　意**
>
> 与传统的 TensorFlow 不同，这里的 batch 大小并不显式地定义在输入 shape 中。

举例来说，在一个后续的学习中会遇到 MNIST 数据集，即一个手写图片分类的数据集，每张图片的大小用 4 维来表示[1,28,28,1]。第 1 个数字是每个批次的大小，第 2 个和第 3 个数字是图片的尺寸大小，第 4 个数字是图片通道的个数。因此输入到 Input 中的数据为：

```
#举例说明,这里4维变成3维,不设置batch数据
inputs = tf.keras.layers.Input(shape=(28,28,1))
```

2. 中间层

下面每个层的写法与使用顺序模式也是不同的:

```
x = tf.keras.layers.Dense(32, activation='relu')(inputs)
```

在这里每个类被直接定义,之后将值作为类实例化以后的输入值进行输入计算。

```
x = tf.keras.layers.Dense(32, activation='relu')(inputs)
x = tf.keras.layers.Dense(64, activation='relu')(x)
predictions = tf.keras.layers.Dense(3, activation='softmax')(x)
```

与顺序模式最大的区别在于实例化类以后有对应的输入端,这点较为符合一般程序的编写习惯。

3. 输出端

输出端不需要额外的表示,直接将计算的最后一层作为输出端即可:

```
predictions = tf.keras.layers.Dense(3, activation='softmax')(x)
```

4. 模型的组合方式

模型的组合方式也是很简单的,直接将输入端和输出端在模型类中显式注明,Keras 即可在后台将各个层级通过输入和输出对应的关系连接在一起。

```
model = tf.keras.Model(inputs=inputs, outputs=predictions)
```

完整的代码如下所示:

【程序2-4】

```
import tensorflow as tf
import numpy as np
from sklearn.datasets import load_iris
data = load_iris()
iris_target = data.target
iris_data = np.float32(data.data)
iris_target = np.float32(tf.keras.utils.to_categorical(iris_target, num_classes=3))
print(iris_target)
iris_data = tf.data.Dataset.from_tensor_slices(iris_data).batch(50)
iris_target = tf.data.Dataset.from_tensor_slices(iris_target).batch(50)
inputs = tf.keras.layers.Input(shape=(4,))
# 层的实例是可调用的,它以张量为参数,并且返回一个张量
x = tf.keras.layers.Dense(32, activation='relu')(inputs)
x = tf.keras.layers.Dense(64, activation='relu')(x)
predictions = tf.keras.layers.Dense(3, activation='softmax')(x)
```

```python
# 这部分创建了一个包含输入层和三个全连接层的模型
model = tf.keras.Model(inputs=inputs, outputs=predictions)
opt = tf.optimizers.Adam(1e-3)
for epoch in range(1000):
    for _data,lable in zip(iris_data,iris_target):
        with tf.GradientTape() as tape:
            logits = model(_data)
            loss_value = tf.reduce_mean(tf.keras.losses.categorical_crossentropy(y_true = lable,y_pred = logits))
            grads = tape.gradient(loss_value, model.trainable_variables)
            opt.apply_gradients(zip(grads, model.trainable_variables))
print('Training loss is :', loss_value.numpy())
model.save('./saver/the_save_model.h5')
```

程序 2-4 的基本架构对照前面的例子没有多少变化，损失函数和梯度更新方法是固定的写法，这里最大的不同点在于使用了 model 自带的 saver 函数对数据进行保存。在 TensorFlow 2.X 中，数据的保存由 Keras 完成，即将图和对应的参数完整地保存在 h5 格式中。

2.3.4 使用保存的 Keras 模式对模型进行复用

前面已经说过，对于保存的文件，Keras 是将所有的信息都保存在 h5 文件中，这里包含所有模型结构信息和训练过的参数信息。

```python
new_model = tf.keras.models.load_model('./saver/the_save_model.h5')
```

tf.keras.models.load_model 函数是从给定的地址中载入 h5 模型，载入完成后会依据存档自动建立一个新的模型。

模型的复用可直接调用模型 predict 函数：

```python
new_prediction = new_model.predict(iris_data)
```

这里直接将 iris 数据作为预测数据进行输入。全部代码如下所示：

【程序2-5】

```python
import tensorflow as tf
import numpy as np
from sklearn.datasets import load_iris
data = load_iris()
iris_data = np.float32(data.data)
iris_target = (data.target)
iris_target = np.float32(tf.keras.utils.to_categorical(iris_target, num_classes=3))
#载入模型
new_model = tf.keras.models.load_model('./saver/the_save_model.h5')
new_prediction = new_model.predict(iris_data)   #进行预测
```

```
print(tf.argmax(new_prediction,axis=-1))        #打印预测结果
```

最终结果如图 2.30 所示,可以看到计算结果被完整打印出来。

```
tf.Tensor(
[0 0 0 0 0 0 0 0 0 0 0 0 0 0 0 0 0 0 0 0 0 0 0 0 0 0 0 0 0 0 0 0 0 0 0 0 0
 0 0 0 0 0 0 0 0 0 0 0 0 0 1 1 1 1 1 1 1 1 1 1 1 1 1 1 1 1 1 1 1 1 1 1 2 1 1
 1 1 1 1 1 2 1 1 1 1 1 1 1 1 1 1 1 1 1 1 2 2 2 2 2 2 2 2 2 2
 2 2 2 2 2 2 2 2 2 2 2 2 2 2 2 1 2 2 2 2 2 2 2 2 2 2 2 2 2 2
 2 2], shape=(150,), dtype=int64)
```

图 2.30 打印结果

2.3.5 使用 TensorFlow 标准化编译对 iris 模型进行拟合

在 2.3.3 小节中,笔者使用符合传统 TensorFlow 习惯的梯度更新方式对参数进行更新。实际上这种看起来符合编程习惯的梯度计算和更新方法可能并不符合大多数有机器学习使用经验的读者使用。本小节就以修改后的 iris 分类为例讲解标准化 TensorFlow 的编译方法。

对于大多数机器学习的程序设计人员来说,往往习惯了使用 fit 函数和 compile 函数对数据进行数据载入和参数分析。代码如下(先运行,后面会有更为详细的运行分析):

【程序2-6】

```python
import tensorflow as tf
import numpy as np
from sklearn.datasets import load_iris
data = load_iris()
iris_data = np.float32(data.data)
iris_target = (data.target)
iris_target = np.float32(tf.keras.utils.to_categorical(iris_target, num_classes=3))
train_data = tf.data.Dataset.from_tensor_slices((iris_data, iris_target)).batch(128)
input_xs = tf.keras.Input(shape=(4,), name='input_xs')
out = tf.keras.layers.Dense(32, activation='relu', name='dense_1')(input_xs)
out = tf.keras.layers.Dense(64, activation='relu', name='dense_2')(out)
logits = tf.keras.layers.Dense(3, activation="softmax", name='predictions')(out)
model = tf.keras.Model(inputs=input_xs, outputs=logits)
opt = tf.optimizers.Adam(1e-3)
model.compile(optimizer=tf.optimizers.Adam(1e-3), loss=tf.losses.categorical_crossentropy,metrics = ['accuracy'])
model.fit(train_data, epochs=500)
score = model.evaluate(iris_data, iris_target)
print("last score:",score)
```

下面我们详细分析一下代码:

（1）数据的获取

本例还是使用 sklearn 中的 iris 数据集作为数据来源，之后将 target 转化成独热编码的形式进行存储。顺便提一句，TensorFlow 本身也带有 one-hot 函数，即 tf.one_hot，有兴趣的读者可以自行学习。

数据读取之后的处理在后文讲解，这个问题先放一下，请继续按顺序往下阅读。

（2）模型的建立和参数更新

这里不准备采用新模型的建立方法，对于读者来说，熟悉函数化编程已经能够应付绝大多数深度学习模型建立。在后面的章节中，我们将教会读者自定义某些层的方法。

对于梯度的更新，到目前为止的程序设计中都采用类似回传调用等方式对参数进行更新，这是由程序设计者手动完成的。然而 TensorFlow 推荐使用自带的梯度更新方法，代码如下：

```
model.compile(optimizer=tf.optimizers.Adam(1e-3),
loss=tf.losses.categorical_crossentropy,metrics = ['accuracy'])
model.fit(train_data, epochs=500)
```

compile 函数是模型适配损失函数和选择优化器的专用函数，fit 函数的作用是把训练参数加载进模型中。下面分别对其进行讲解。

① compile 函数

compile 函数的作用是配置训练模型专用编译函数。源码如下：

```
compile(optimizer, loss=None, metrics=None, loss_weights=None,
sample_weight_mode=None, weighted_metrics=None, target_tensors=None)
```

这里我们主要介绍其中最重要的 3 个参数 optimizer、loss 和 metrics。

- optimizer：字符串（优化器名）或者优化器实例。
- loss：字符串（目标函数名）或目标函数。如果模型具有多个输出，可以通过传递损失函数的字典或列表在每个输出上使用不同的损失。模型最小化的损失值将是所有单个损失的总和。
- metrics：在训练和测试期间的模型评估标准。通常会使用 metrics = ['accuracy']。要为多输出模型的不同输出指定不同的评估标准，还可以传递一个字典，如 metrics = {'output_a': 'accuracy'}。

可以看到，优化器（optimizer）被传入了选定的优化器函数，loss 是损失函数，这里也被传入选定的多分类 crossentry 函数。metrics 是用来评估模型的标准，一般用准确率表示。

实际上，compile 编译函数是一个多重回调函数的集合，对于所有的参数来说，实际上就是根据对应函数的"地址"回调对应的函数，并将参数传入。

举个例子，在上面的编译器中，我们传递的是一个 TensorFlow 自带的损失函数，实际上往往由于针对不同的计算和误差需要不同的损失函数，这里自定义一个均方差（MSE）损失函数，代码如下：

```
def my_MSE(y_true , y_pred):
```

```
    my_loss = tf.reduce_mean(tf.square(y_true - y_pred))
    return my_loss
```

这个损失函数接收2个参数，分别是y_true和y_pred，即预测值和真实值的形式参数。之后根据需要计算出真实值和预测值之间的误差。

损失函数名作为地址传递给compile后即可作为自定义的损失函数在模型中进行编译，代码如下：

```
opt = tf.optimizers.Adam(1e-3)
def my_MSE(y_true , y_pred):
    my_loss = tf.reduce_mean(tf.square(y_true - y_pred))
    return my_loss
model.compile(optimizer=tf.optimizers.Adam(1e-3), loss=my_MSE,metrics = ['accuracy'])
```

至于优化器的自定义，实际上也是可以的。但是一般情况下优化器的编写需要比较高的编程技巧以及对模型的理解，这里直接使用TensorFlow自带的优化器即可。

② fit函数

fit函数的作用是以给定数量的轮次（数据集上的迭代）训练模型。其主要参数有如下4个：

- x：训练数据的NumPy数组（如果模型只有一个输入），或者是NumPy数组的列表（如果模型有多个输入）。如果模型中的输入层被命名，也可以传递一个字典，将输入层名称映射到NumPy数组。如果从本地框架张量馈送（例如TensorFlow数据张量）数据，x可以是None（默认）。
- y：目标（标签）数据的NumPy数组（如果模型只有一个输出），或者是NumPy数组的列表（如果模型有多个输出）。如果模型中的输出层被命名，也可以传递一个字典，将输出层名称映射到NumPy数组。如果从本地框架张量馈送（例如TensorFlow数据张量）数据，y可以是None（默认）。
- batch_size：整数或None。每次梯度更新的样本数。如果未指定，默认为32。
- epochs：整数。训练模型迭代轮次。一个轮次是在整个x和y上的一轮迭代。注意，与initial_epoch一起，epochs被理解为"最终轮次"。模型并不是训练了epochs轮，而是到第epochs轮停止训练。

fit函数的主要作用是对输入的数据进行修改，如果读者已经成功运行了程序2-6，那么现在换一种略微修改后的代码，重新运行iris数据集，代码如下：

【程序2-7】

```
import tensorflow as tf
import numpy as np
from sklearn.datasets import load_iris
data = load_iris()
#数据的形式
```

```
    iris_data = np.float32(data.data)              #数据读取
    iris_target = (data.target)
    iris_target = np.float32(tf.keras.utils.to_categorical(iris_target,
num_classes=3))
    input_xs = tf.keras.Input(shape=(4,), name='input_xs')
    out = tf.keras.layers.Dense(32, activation='relu', name='dense_1')(input_xs)
    out = tf.keras.layers.Dense(64, activation='relu', name='dense_2')(out)
    logits = tf.keras.layers.Dense(3, activation="softmax",
name='predictions')(out)
    model = tf.keras.Model(inputs=input_xs, outputs=logits)
    opt = tf.optimizers.Adam(1e-3)
    model.compile(optimizer=tf.optimizers.Adam(1e-3),
loss=tf.losses.categorical_crossentropy,metrics = ['accuracy'])
    #fit函数载入数据
    model.fit(x=iris_data,y=iris_target,batch_size=128, epochs=500)
    score = model.evaluate(iris_data, iris_target)
    print("last score:",score)
```

程序 2-6 和程序 2-7 最大的不同在于数据读取方式的变化。在程序 2-6 中数据的读取方式和 fit 函数的载入方式如下：

```
    iris_data = np.float32(data.data)
    iris_target = (data.target)
    iris_target = np.float32(tf.keras.utils.to_categorical(iris_target,
um_classes=3))
    train_data = tf.data.Dataset.from_tensor_slices((iris_data,
ris_target)).batch(128)
    ……
    model.fit(train_data, epochs=500)
```

iris 的数据读取被分成两部分：数据特征部分和 label 分布。label 部分使用 Keras 自带的工具进行离散化处理。

离散化后处理的部分又被 tf.data.Dataset API 整合成一个新的数据集，并且依 batch 被切分成多个部分。

此时 fit 的处理对象是一个被 tf.data.Dataset API 处理后 Tensor 类型数据，并且在切分的时候依照整合的内容被依次读取。在读取的过程中，由于它是一个 Tensor 类型的数据，因此 fit 内部的 batch_size 划分不起作用，而是使用生成数据的 tf 中数据生成器的 batch_size 划分。如果还是不能理解，可以使用如下代码段打印重新整合后的 train_data 中的数据：

```
    for iris_data,iris_target in train_data
```

现在回到程序 2-7 中，对应于数据读取和载入的部分如下：

```
    #数据的形式
    iris_data = np.float32(data.data)              #数据读取
    iris_target = (data.target)
```

```
iris_target = np.float32(tf.keras.utils.to_categorical(iris_target,
um_classes=3))
……
#fit 函数载入数据
model.fit(x=iris_data,y=iris_target,batch_size=128, epochs=500)
```

可以看到数据在读取和载入的过程中没有变化，将处理后的数据直接输入到 fit 函数中供模式使用。此时直接对数据进行操作，对数据的划分由 fit 函数负责，因此 fit 函数中的 batch_size 被设定为 128。

2.3.6　多输入单一输出 TensorFlow 编译方法（选学）

在前面内容的学习中，我们采用的是标准化的深度学习流程，即数据的准备、处理，数据的输入与计算，以及最后结果的打印。虽然在真实情况中可能会遇到各种各样的问题，但是基本步骤是不会变的。

这里存在一个非常重要的问题，在模型的计算过程中遇到多个数据输入端（见图 2.31）应该怎么处理？

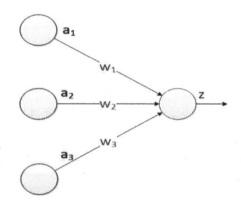

图 2.31　多个数据输入端

以 Tensor 格式的数据为例，在数据的转化部分需要将数据进行"打包"处理，即将不同的数据按类型进行打包：

输入1，输入2，输入3，标签 -> (输入1，输入2，输入3)，标签

注意小括号的位置，这里将数据分成两部分，即"输入"与"标签"两类，多输入的部分用小括号打包在一起形成一个整体。

下面还是以 iris 数据集为例讲解多数据输入的问题。

（1）第一步：数据的获取与处理

从前面的介绍可以知道，iris 数据集的每行是一个由 4 个特征组合在一起表示的特征集合，此时可以人为地将其切分，即将长度为4的特征转化成一个长度为3和一个长度为1的两个特征集合，代码如下：

```
import tensorflow as tf
```

```python
import numpy as np
from sklearn.datasets import load_iris
data = load_iris()
iris_data = np.float32(data.data)
iris_data_1 = []
iris_data_2 = []
for iris in iris_data:
    iris_data_1.append(iris[0])
    iris_data_2.append(iris[1:4])
```

打印其中一条数据：

```
5.1
[3.5 1.4 0.2]
```

可以看到，一行 4 列的数据被拆分成 2 组特征。

（2）第二步：模型的建立

这里数据被人为地拆分成 2 个部分，因此在模型的输入端也要能够对应处理 2 组数据的输入。

```python
input_xs_1 = tf.keras.Input(shape=(1,), name='input_xs_1')
input_xs_2 = tf.keras.Input(shape=(3,), name='input_xs_2')
input_xs = tf.concat([input_xs_1,input_xs_2],axis=-1)
```

可以看到代码中分别建立了 input_xs_1 和 input_xs_2 作为数据的接收端接收传递进来的数据，之后通过一个 concat 重新将数据组合起来，恢复成一条 4 个特征的集合。

```python
out = tf.keras.layers.Dense(32, activation='relu', name='dense_1')(input_xs)
out = tf.keras.layers.Dense(64, activation='relu', name='dense_2')(out)
logits = tf.keras.layers.Dense(3, activation="softmax",name=
'predictions')(out)
model = tf.keras.Model(inputs=[input_xs_1,input_xs_2], outputs=logits)
```

对剩余部分的部分数据处理没有变化，按前文程序处理即可。

（3）第三步：数据的组合

切分后的数据需要重新组合，生成能够符合模型需求的 Tensor 数据。这里最为关键的是在模型中对输入输出格式的定义，把模式的输入输出格式拆成如下形式：

```
input = 【输入1，输入2】, outputs = 输出         #注意模型中的中括号
```

因此，在 Tensor 建立的过程中也要按模型输入的格式创建对应的数据集，格式如下：

```
((输入1，输入2),输出)
```

注意，这里我们采用 2 层括号对数据进行包裹，即首先将"输入 1"和"输入 2"包裹成一个输入数据，之后重新打包"输出"，共同组成一个数据集。转化 Tensor 数据的代码如下：

```python
train_data = tf.data.Dataset.from_tensor_slices(((iris_data_1,iris_data_2),
iris_target)).batch(128)
```

> **注　意**
>
> 一定要注意小括号的层数。

完整代码如下所示：

【程序2-8】

```python
import tensorflow as tf
import numpy as np
from sklearn.datasets import load_iris
data = load_iris()
iris_data = np.float32(data.data)
iris_data_1 = []
iris_data_2 = []
for iris in iris_data:
    iris_data_1.append(iris[0])
    iris_data_2.append(iris[1:4])
iris_target = np.float32(tf.keras.utils.to_categorical(data.target, num_classes=3))
#注意数据的包裹层数
train_data = tf.data.Dataset.from_tensor_slices(((iris_data_1,iris_data_2),iris_target)).batch(128)
input_xs_1 = tf.keras.Input(shape=(1,), name='input_xs_1')    #接收输入参数一
input_xs_2 = tf.keras.Input(shape=(3,), name='input_xs_2')    #接收输入参数二
input_xs = tf.concat([input_xs_1,input_xs_2],axis=-1)         #重新组合参数
out = tf.keras.layers.Dense(32, activation='relu', name='dense_1')(input_xs)
out = tf.keras.layers.Dense(64, activation='relu', name='dense_2')(out)
logits = tf.keras.layers.Dense(3, activation="softmax", name='predictions')(out)
#注意model中的中括号
model = tf.keras.Model(inputs=[input_xs_1,input_xs_2], outputs=logits)
opt = tf.optimizers.Adam(1e-3)
model.compile(optimizer=tf.optimizers.Adam(1e-3),loss=tf.losses.categorical_crossentropy,metrics = ['accuracy'])
model.fit(x = train_data, epochs=500)
score = model.evaluate(train_data)
print("多头 score: ",score)
```

最终打印结果如图2.32所示。

```
1/2 [==============>...............] - ETA: 0s - loss: 0.1158 - accuracy: 0.9609
2/2 [==============================] - 0s 0s/step - loss: 0.0913 - accuracy: 0.9667
Epoch 500/500

1/2 [==============>...............] - ETA: 0s - loss: 0.1157 - accuracy: 0.9609
2/2 [==============================] - 0s 0s/step - loss: 0.0912 - accuracy: 0.9667

1/2 [==============>...............] - ETA: 0s - loss: 0.1155 - accuracy: 0.9609
2/2 [==============================] - 0s 31ms/step - loss: 0.0829 - accuracy: 0.9667
多头score: [0.08285454660654068, 0.96666664]
```

图 2.32 打印结果

对于认真阅读本书的读者来说，这个最终的打印结果应该很熟悉了，在这里 TensorFlow 默认输出了每个循环结束后的 loss 值，并且按 compile 函数中设定的内容输出准确率（accuracy）值。最后的 evaluate 函数通过对测试集中的数据进行重新计算而获取在测试集中的损失值和准确率。本例使用训练数据代替测试数据。

在程序 2-8 中数据的准备是使用 tf.data API 完成的，即通过打包的方式将数据输出，也可以直接将输入的数据输入到模型中进行训练，代码如下：

【程序2-9】

```
import tensorflow as tf
import numpy as np
from sklearn.datasets import load_iris
data = load_iris()
iris_data = np.float32(data.data)
iris_data_1 = []
iris_data_2 = []
for iris in iris_data:
    iris_data_1.append(iris[0])
    iris_data_2.append(iris[1:4])
iris_data_1 = np.array(iris_data_1)
iris_data_2 = np.array(iris_data_2)
iris_target = np.float32(tf.keras.utils.to_categorical(data.target, num_classes=3))
input_xs_1 = tf.keras.Input(shape=(1,), name='input_xs_1')
input_xs_2 = tf.keras.Input(shape=(3,), name='input_xs_2')
input_xs = tf.concat([input_xs_1,input_xs_2],axis=-1)
out = tf.keras.layers.Dense(32, activation='relu', name='dense_1')(input_xs)
out = tf.keras.layers.Dense(64, activation='relu', name='dense_2')(out)
logits = tf.keras.layers.Dense(3, activation="softmax",name='predictions')(out)
model = tf.keras.Model(inputs=[input_xs_1,input_xs_2], outputs=logits)
opt = tf.optimizers.Adam(1e-3)
model.compile(optimizer=tf.optimizers.Adam(1e-3),loss=tf.losses.categorical_crossentropy,metrics = ['accuracy'])
model.fit(x = ([iris_data_1,iris_data_2]),y=iris_target,batch_size=128, epochs=500)
```

第 2 章　Hello TensorFlow & Keras

```
score = model.evaluate(x=([iris_data_1,iris_data_2]),y=iris_target)
print("多头 score: ",score)
```

最终打印结果请读者自行验证，需要注意的是其中数据的包裹情况。

2.3.7　多输入多输出 TensorFlow 编译方法（选学）

虽然在实际编程中遇到多输入多输出的情况很少，但是在必要的时候还是需要设计多输出的神经网络模型去进行训练，例如"bert"模型。

对于多输出模型的写法，实际上可以仿照 2.3.6 小节多输入模型中多输入端的写法，将 output 的数据使用中括号进行包裹。

```
iris_data_1 = []
iris_data_2 = []
for iris in iris_data:
    iris_data_1.append(iris0:[2])
    iris_data_2.append(iris[2:])
iris_label = data.target
iris_target =
np.float32(tf.keras.utils.to_categorical(data.target,num_classes=3))
train_data = tf.data.Dataset.from_tensor_slices(((iris_data_1,iris_data_2),
(iris_target,iris_label))).batch(128)
```

首先是对数据的修正和设计，数据的输入被平均分成 2 组，每组有 2 个特征。这实际上没有什么变化。对于特征的分类，在引入独热编码处理的分类数据集外，还保留了数据分类本身的真实值用于目标的辅助分类计算结果。无论是多输入还是多输出，此时都使用打包的形式将数据重新打包成一个整体的数据集合。

在 fit 函数中，直接调用打包后的输入数据即可。

```
model.fit(x = train_data, epochs=500)
```

完整代码如下所示：

【程序2-10】

```
import tensorflow as tf
import numpy as np
from sklearn.datasets import load_iris
data = load_iris()
iris_data = np.float32(data.data)
iris_data_1 = []
iris_data_2 = []
for iris in iris_data:
    iris_data_1.append(iris[:2])
    iris_data_2.append(iris[2:])
iris_label = np.array(data.target,dtype=np.float)
iris_target = tf.one_hot(data.target,depth=3,dtype=tf.float32)
```

```python
    iris_data_1 = np.array(iris_data_1)
    iris_data_2 = np.array(iris_data_2)

    input_xs_1 = tf.keras.Input(shape=(2), name='input_xs_1')
    input_xs_2 = tf.keras.Input(shape=(2), name='input_xs_2')
    input_xs = tf.concat([input_xs_1,input_xs_2],axis=-1)
    out = tf.keras.layers.Dense(32, activation='relu', name='dense_1')(input_xs)
    out = tf.keras.layers.Dense(64, activation='relu', name='dense_2')(out)
    logits = tf.keras.layers.Dense(3, activation="softmax",name='predictions')(out)
    label = tf.keras.layers.Dense(1,name='label')(out)
    model = tf.keras.Model(inputs=(input_xs_1,input_xs_2), outputs=(logits,label))
    opt = tf.optimizers.Adam(1e-3)
    def my_MSE(y_true , y_pred):
        my_loss = tf.reduce_mean(tf.square(y_true - y_pred))
        return my_loss
    model.compile(optimizer=tf.optimizers.Adam(1e-3), loss={'predictions': tf.losses.categorical_crossentropy, 'label': my_MSE},loss_weights={'predictions': 0.1, 'label': 0.5},metrics = ['accuracy'])
    model.fit(x = (iris_data_1,iris_data_2),y=(iris_target,iris_label), epochs=500)
```

输出结果如图 2.33 所示。

```
ETA: 0s - loss: 0.0106 - predictions_loss: 0.0463 - label_loss: 0.0118 - predictions_accuracy: 0.9844 - label_accurac
0s 3ms/step - loss: 0.0075 - predictions_loss: 0.0304 - label_loss: 0.0071 - predictions_accuracy: 0.9867 - label_acc

ETA: 0s - loss: 0.0107 - predictions_loss: 0.0474 - label_loss: 0.0120 - predictions_accuracy: 0.9844 - label_accurac
0s 53ms/step - loss: 0.0064 - predictions_loss: 0.0304 - label_loss: 0.0067 - predictions_accuracy: 0.9867 - label_ac
```

图 2.33 数据结果

限于篇幅，这里只给出一部分结果，相信读者能够理解输出的数据内容。

2.4 全连接层详解

学完前面的内容后，读者对 TensorFlow+Keras 的程序设计有了比较深入的理解，甚至会觉得自己很厉害，这样笔者的目的也就达到了。

不过又有一个问题来了，这里一直在使用、反复提及的全连接层到底是一个什么样的存在？本节我们详解一下。

2.4.1 全连接层的定义与实现

全连接层的每一个结点都与上一层的所有结点相连，用来把前边提取到的特征综合起来。由于其全相连的特性，一般全连接层的参数也是最多的。图 2.34 所示的是一个简单的全连接网络。

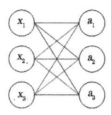

图 2.34 全连接层

其推导过程如下：

$$w_{11} \times x_1 + w_{12} \times x_2 + w_{13} \times x_3 = a_1$$
$$w_{21} \times x_1 + w_{22} \times x_2 + w_{23} \times x_3 = a_2$$
$$w_{31} \times x_1 + w_{32} \times x_2 + w_{33} \times x_3 = a_3$$

将推导公式转化一下写法：

$$\begin{bmatrix} w_{11} & w_{12} & w_{13} \\ w_{21} & w_{22} & w_{23} \\ w_{31} & w_{32} & w_{33} \end{bmatrix} \times \begin{bmatrix} x_1 \\ x_2 \\ x_3 \end{bmatrix} = \begin{bmatrix} a_1 \\ a_2 \\ a_3 \end{bmatrix}$$

可以看到，全连接的核心操作就是矩阵向量乘积：$w \times x = y$。

下面举一个例子，使用 TensorFlow 自带的 API 实现一个简单的矩阵计算。

$$\begin{bmatrix} 1 & 1 \\ 2 & 2 \end{bmatrix} \times \begin{bmatrix} 1 \\ 1 \end{bmatrix} = ?$$

首先通过公式计算对数据做一个先行验证，按推导公式计算如下：

$$(1 \times 1 + 1 \times 1) + 0.17 = 2.17$$
$$(2 \times 1 + 2 \times 1) + 0.17 = 4.17$$

这样最终形成了一个新的矩阵[2.17,4.17]，代码如下：

【程序2-11】

```
import tensorflow as tf
weight = tf.Variable([[1.],[1.]])                    #创建参数weight
bias   = tf.Variable([[0.17]])                        #创建参数bias
input_xs = tf.constant([[1.,1.],[2.,2.]])             #创建输入值
```

```
matrix = tf.matmul(input_xs,weight) + bias          #计算结果
print(matrix)                                        #打印结果
```

最终打印结果如下：

```
tf.Tensor([[2.17] [4.17]], shape=(2, 1), dtype=float32)
```

最终计算出一个 Tensor，大小为 shape=(2, 1)，类型为 float32，其值为[[2.17] [4.17]]。

计算本身非常简单，全连接的计算方法相信读者也很容易掌握。现在回到代码中，注意在定义参数和定义输入值的时候采用的不同写法：

```
weight = tf.Variable([[1.],[1.]])
input_xs = tf.constant([[1.,1.],[2.,2.]])
```

这里对参数的定义，笔者使用的是 Variable 函数；对输入值的定义，使用的是 constant 函数，将其对应内容打印如下：

```
<tf.Variable 'Variable:0' shape=(2, 1) dtype=float32, numpy=array([[1.], [1.]], dtype=float32)>
```

input_xs 打印如下：

```
tf.Tensor([[1. 1.]
           [2. 2.]], shape=(2, 2), dtype=float32)
```

通过对比可以看到，这里的 weight 被定义成一个可变参数 Variable 类型，以便在后续的反向计算中进行调整。constant 函数直接读取数据并将其定义成 Tensor 格式。

2.4.2 使用 Keras 实现全连接层

在上一小节中编写的程序 2-11 仅仅是为了向读者介绍全连接层的计算方法而不是介绍全连接层。全连接的本质就是由一个特征空间线性变换到另一个特征空间。目标空间的任一维——也就是隐藏层的一个节点——都认为会受到源空间每一维的影响。可以不那么严谨地说，目标向量是源向量的加权和。

全连接层一般是接在特征提取网络之后，用作对特征的分类器。全连接常出现在最后几层，用于对前面设计的特征做加权和。前面的网络相当于做特征工程，后面的全连接相当于做特征加权。

具体的神经网络差值反馈算法将在第 3 章介绍。

下面我们就使用自定义的方法实现某一个可以加载到模型中的"自定义全连接层"。

1. 自定义层的继承

在 TensorFlow 中，任何一个自定义的层都是继承自 tf.keras.layers.Layer，我们将其称为"父层"，如图 2.35 所示。这里所谓的自定义层实际上是父层的一个具体实现。

```
Layer(module.Module)
    __init__(self, trainable=True, name=None, dtype=None, dynamic=False, **kwargs)
    build(self, input_shape)
    call(self, inputs, **kwargs)
    add_weight(self, name=None, shape=None, dtype=None, initializer=None, regularizer
    get_config(self)
    from_config(cls, config)
    compute_output_shape(self, input_shape)
    compute_output_signature(self, input_signature)
    compute_mask(self, inputs, mask=None)
```

图 2.35　父层

从图 2.35 可以看出，Layer 层由多个函数构成，基于继承的关系，如果想要实现自定义层，那么必须实现其中的函数。

2. "父层"函数介绍

所谓的"父层"就是这里自定义的层继承自哪里，告诉 TensorFlow 框架代码遵守"父层"的函数，请实现代码自定义的功能。

Layer 层中需要自定义的函数很多，在实际使用时一般只需要定义那些必须使用的函数，例如 build、call 函数，以及初始化所必需的 __init__ 函数。

（1）__init__ 函数：首先是一些必要参数的初始化，这些参数的初始化写在 def __init__(self,) 中，然后是一些参数的初始化。写法如下：

```
class MyLayer(tf.keras.layers.Layer):              #显示继承自 Layer 层
    def __init__(self, output_dim):                #init 中显示确定参数
        self.output_dim = output_dim               #载入参数到类中
        super(MyLayer, self).__init__()            #向父类注册
```

init 函数中最重要的就是显式地确定所需要的一些参数。特别值得注意的是，对于输入的 init 中的参数，Tensor 不会在这里进行标注，init 值初始化的是模型参数。输入值不属于"模型参数"。

（2）build 函数：build 函数主要是声明需要更新的参数部分，如权重等。一般使用 self.kernel = tf.Variable(shape=[ ]) 等来声明需要更新的参数变量。

```
    def build(self, input_shape): #build 函数参数中的 input_shape 形参是固定不变的写法
        self.weight = tf.Variable(tf.random.normal([input_shape[-1],
self.output_dim]), name="dense_weight")
        self.bias = tf.Variable(tf.random.normal([self.output_dim]),
name="bias_weight",trainable=self.trainable)
        super(MyLayer, self).build(input_shape)
```

build 函数参数中的 input_shape 形参是固定不变的写法，不要修改，其中自定义的参数需要加上 self，表明是在类中使用的全局参数。

代码最后的 super(MyLayer, self).build(input_shape)，目前读者只需要记得这种写法即可。在 build 的最后确定参数定义结束。

（3）call 函数：最重要的函数，包含主要层的实现。

init 是对参数进行定义和声明；build 函数是对权重可变参数进行声明。

这两个函数只是定义了一些初始化的参数以及一些需要更新的参数变量，而真正实现所定义类的作用是在 call 方法中。

```
def call(self, input_tensor):                                    #这里声明输入 Tensor
    out = tf.matmul(input_tensor,self.weight) + self.bias        #计算
    out = tf.nn.relu(out)                                        #计算
    out = tf.keras.layers.Dropout(0.1)(out)                      #计算
    return out                                                   #输出结果
```

可以看到 call 中的一系列操作是对 __init__ 和 build 中变量参数的应用，所有的计算都在 call 函数中完成。需要注意的是输入的参数也在这里出现，经过计算后将计算值返回。

```
class MyLayer(tf.keras.layers.Layer):
    def __init__(self, output_dim,trainable = True):
        self.output_dim = output_dim
        self.trainable = trainable
        super(MyLayer, self).__init__()

    def build(self, input_shape):
        self.weight = tf.Variable(tf.random.normal([input_shape[-1], self.output_dim]), name="dense_weight")
        self.bias = tf.Variable(tf.random.normal([self.output_dim]), name="bias_weight")
        super(MyLayer, self).build(input_shape)  # Be sure to call this somewhere!

    def call(self, input_tensor):
        out = tf.matmul(input_tensor,self.weight) + self.bias
        out = tf.nn.relu(out)
        out = tf.keras.layers.Dropout(0.1)(out)
        return out
```

下面我们使用自定义的层修改 iris 模型。程序如下所示：

【程序2-12】

```
import tensorflow as tf
import numpy as np
from sklearn.datasets import load_iris
data = load_iris()
iris_data = np.float32(data.data)
iris_target = (data.target)
iris_target = np.float32(tf.keras.utils.to_categorical(iris_target, num_classes=3))
train_data = tf.data.Dataset.from_tensor_slices((iris_data, iris_target)).batch(128)
```

```python
#自定义的层——全连接层
class MyLayer(tf.keras.layers.Layer):
    def __init__(self, output_dim):
        self.output_dim = output_dim
        super(MyLayer, self).__init__()
    def build(self, input_shape):
        self.weight = tf.Variable(tf.random.normal([input_shape[-1], self.output_dim]), name="dense_weight")
        self.bias = tf.Variable(tf.random.normal([self.output_dim]), name="bias_weight")
        super(MyLayer, self).build(input_shape)
    def call(self, input_tensor):
        out = tf.matmul(input_tensor,self.weight) + self.bias
        out = tf.nn.relu(out)
        out = tf.keras.layers.Dropout(0.1)(out)
        return out

input_xs  = tf.keras.Input(shape=(4,), name='input_xs')
out = tf.keras.layers.Dense(32, activation='relu', name='dense_1')(input_xs)
out = MyLayer(32)(out)                     #自定义层
out = MyLayer(48)(out)                     #自定义层
out = tf.keras.layers.Dense(64, activation='relu', name='dense_2')(out)
logits = tf.keras.layers.Dense(3, activation="softmax", name='predictions')(out)
model = tf.keras.Model(inputs=input_xs, outputs=logits)
opt = tf.optimizers.Adam(1e-3)
model.compile(optimizer=tf.optimizers.Adam(1e-3), loss=tf.losses.categorical_crossentropy,metrics = ['accuracy'])
model.fit(train_data, epochs=1000)
score = model.evaluate(iris_data, iris_target)
print("last score:",score)
```

我们首先定义 MyLayer 作为全连接层，之后与使用 TensorFlow 自带的层一样，直接生成类函数并显式指定输入参数，最终将所有的层加入模型中。最终打印结果如图 2.36 所示。

```
1/2 [==============>.............] - ETA: 0s - loss: 0.1278 - accuracy: 0.9531
2/2 [==============================] - 0s 4ms/step - loss: 0.0812 - accuracy: 0.9600
 32/150 [=====>........................] - ETA: 0s - loss: 3.6322e-07 - accuracy: 1.0000
150/150 [==============================] - 0s 592us/sample - loss: 0.0792 - accuracy: 0.9800
last score: [0.0791539035427498, 0.98]
```

图 2.36　打印结果

2.4.3　打印显示已设计的模型结构和参数

在程序 2-12 中我们使用自定义层实现了模型。如果读者认真学习了这部分内容，那么相信一定可以实现自己的自定义层。

这里似乎有一个问题,对于自定义的层来说,这里的参数名(也就是在 build 中定义的参数名)都一样。在层生成的过程中似乎并没有对每个层进行重新命名或者将其归属于某个命名空间中。这似乎与传统的 TensorFlow 1.X 模型的设计结果相冲突。

实践是解决疑问的最好办法。TensorFlow 中提供了打印模型结构的函数,代码如下:

```
print(model.summary())
```

将这个函数置于构建后的模型下,即可打印模型的结构与参数。

【程序2-13】

```python
import tensorflow as tf
import numpy as np
from sklearn.datasets import load_iris
data = load_iris()
iris_data = np.float32(data.data)
iris_target = (data.target)
iris_target = np.float32(tf.keras.utils.to_categorical(iris_target, num_classes=3))
train_data = tf.data.Dataset.from_tensor_slices((iris_data, iris_target)).batch(128)
class MyLayer(tf.keras.layers.Layer):
    def __init__(self, output_dim):
        self.output_dim = output_dim
        super(MyLayer, self).__init__()
    def build(self, input_shape):
        self.weight = tf.Variable(tf.random.normal([input_shape[-1], self.output_dim]), name="dense_weight")
        self.bias = tf.Variable(tf.random.normal([self.output_dim]), name="bias_weight")
        super(MyLayer, self).build(input_shape)  # Be sure to call this somewhere!
    def call(self, input_tensor):
        out = tf.matmul(input_tensor, self.weight) + self.bias
        out = tf.nn.relu(out)
        out = tf.keras.layers.Dropout(0.1)(out)
        return out
input_xs = tf.keras.Input(shape=(4,), name='input_xs')
out = tf.keras.layers.Dense(32, activation='relu', name='dense_1')(input_xs)
out = MyLayer(32)(out)
out = MyLayer(48)(out)
out = tf.keras.layers.Dense(64, activation='relu', name='dense_2')(out)
logits = tf.keras.layers.Dense(3, activation="softmax", name='predictions')(out)
model = tf.keras.Model(inputs=input_xs, outputs=logits)
```

```
print(model.summary())
```
打印结果如图 2.37 所示。

```
Model: "model"
_____
Layer (type)                 Output Shape              Param #
=================================================================
input_xs (InputLayer)        [(None, 4)]               0
_____
dense_1 (Dense)              (None, 32)                160
_____
my_layer (MyLayer)           (None, 32)                1056
_____
my_layer_1 (MyLayer)         (None, 48)                1584
_____
dense_2 (Dense)              (None, 64)                3136
_____
predictions (Dense)          (None, 3)                 195
=================================================================
Total params: 6,131
Trainable params: 6,131
Non-trainable params: 0
```

图 2.37　打印结果

从打印的模型结构可以看出，这里每一层都根据层的名称重新命名了，而且由于名称相同，TensorFlow 框架自动根据命名方式对其进行了层数的增加（名称）。

对于读者更为关心的参数问题，从对应行的第三列（param）可以看出，不同的层，其参数个数也不相同。在 TensorFlow 中，重名的模型会被自动赋予一个新的名称，并存在于不同的命名空间之中。

2.5　懒人的福音——Keras 模型库

TensorFlow 官方使用 Keras 作为高级接口的一个额外好处就是可以使用大量已编写好的模型作为一个自定义层使用，不需要使用者亲手对模型进行编写。

举例来说，一般常用的深度学习模型，例如 VGG 和 ResNet（重点模型，后面章节会有完整详细的介绍）等，可以直接从 tf.keras.applications 模型直接导入。图 2.38 列出了 Keras 自带的模型数目。

对于大多数的图像处理模型，applications 模块已经将其打包到内部可以直接调用。本节将以 ResNet50 为例，详细地介绍在 Keras 中 ResNet 模型的调用和参数的载入方式，不过具体使用将在第 7 章中详解。

```
from tensorflow.python.keras.api._v2.keras.applications import densenet
from tensorflow.python.keras.api._v2.keras.applications import inception_resnet_v2
from tensorflow.python.keras.api._v2.keras.applications import inception_v3
from tensorflow.python.keras.api._v2.keras.applications import mobilenet
from tensorflow.python.keras.api._v2.keras.applications import mobilenet_v2
from tensorflow.python.keras.api._v2.keras.applications import nasnet
from tensorflow.python.keras.api._v2.keras.applications import resnet50
from tensorflow.python.keras.api._v2.keras.applications import vgg16
from tensorflow.python.keras.api._v2.keras.applications import vgg19
from tensorflow.python.keras.api._v2.keras.applications import xception
from tensorflow.python.keras.applications import DenseNet121
from tensorflow.python.keras.applications import DenseNet169
from tensorflow.python.keras.applications import DenseNet201
from tensorflow.python.keras.applications import InceptionResNetV2
from tensorflow.python.keras.applications import InceptionV3
from tensorflow.python.keras.applications import MobileNet
from tensorflow.python.keras.applications import MobileNetV2
from tensorflow.python.keras.applications import NASNetLarge
from tensorflow.python.keras.applications import NASNetMobile
from tensorflow.python.keras.applications import ResNet50
from tensorflow.python.keras.applications import VGG16
from tensorflow.python.keras.applications import VGG19
from tensorflow.python.keras.applications import Xception
```

图 2.38 Keras 自带的模型数目

2.5.1 ResNet50 模型和参数的载入

首先是模型的载入。笔者选择 ResNet50 模型作为载入的目标，导入代码如下：

```
resnet = tf.keras.applications.ResNet50()        #载入可能卡住，下文有解决办法
```

如果是第一次载入这个模型，就会在终端显示如图 2.39 所示的信息。

```
2020-01-28 20:45:51.049626: I tensorflow/core/common_runtime/gpu/gpu_device.cc:1200] 0:   N
2020-01-28 20:45:51.050203: I tensorflow/core/common_runtime/gpu/gpu_device.cc:1326] Created TensorFlow device (/job:localhost/replica:0/task:0/
Downloading data from https://github.com/fchollet/deep-learning-models/releases/download/v0.2/resnet50_weights_tf_dim_ordering_tf_kernels.h5
```

图 2.39 第一次载入

这是因为第一次载入时，Keras 在载入模型的同时会将模型默认参数下载并载入，由于网络原因下载时可能会卡住，因此模型终端有可能在此停止运行。解决的办法非常简单，使用下载工具将蓝色部分下载下来，之后显式地告诉 Keras 参数的位置，代码如下：

```
resnet = tf.keras.applications.ResNet50
(weights='C:/Users/xiaohua/Desktop/Tst/resnet50_weights_tf_dim_ordering_tf
_kernels_notop.h5')
#如果读者可以自行设置 weights 读取的方式
```

这里 weight 函数显式地告诉模型所需要载入的参数位置。

> **注　意**
>
> 由于是显式地引入参数地址，因此需要写成绝对地址。

下面看一下 ResNet50 模型在 Keras 中的源码定义，代码如图 2.40 所示。

```
def ResNet50(include_top=True,
             weights='imagenet',
             input_tensor=None,
             input_shape=None,
             pooling=None,
             classes=1000,
             **kwargs):
```

图 2.40　ResNet50 模型的源码定义

这里 classes 参数是 ResNet 基于 imagenet 数据集预训练的分类数，但是一般是使用预训练模型用作特征提取而不是完整地使用模型作为同样的"分类器"，因此直接屏蔽掉最上面一层的分类层即可，代码可以改成如下形式：

```
resnet = tf.keras.applications.resnet50.ResNet50
(weights='C:/Users/xiaohua/Desktop/Tst/resnet50_weights_tf_dim_ordering_tf
_kernels_notop.h5',include_top=False)   #如果读者可以自行设置weights读取的方式

print(resnet.summary())
```

使用 summary 函数可以将 ResNet50 模型的结构打印出来，如图 2.41 所示。

```
activation_47 (Activation)      (None, None, None, 5  0         bn5c_branch2b[0][0]

res5c_branch2c (Conv2D)         (None, None, None, 2  1050624   activation_47[0][0]

bn5c_branch2c (BatchNormalizati (None, None, None, 2  8192      res5c_branch2c[0][0]

add_15 (Add)                    (None, None, None, 2  0         bn5c_branch2c[0][0]
                                                                activation_45[0][0]

activation_48 (Activation)      (None, None, None, 2  0         add_15[0][0]
==================================================================================
Total params: 23,587,712
Trainable params: 23,534,592
Non-trainable params: 53,120
_____

None
```

图 2.41　ResNet50 模型的结构

可以看到这里的模型最后几层的名称和参数，这是已经载入模型参数后的模型结构。

可能有读者对 include_top=False 这个参数设置有疑问，实际上这里是基于已训练模型做的"迁移学习"任务。迁移学习是将已训练模型去掉最高层的顶端输出层作为新任务的特征提取器，即这里利用 imagenet 预训练的特征提取方法迁移到目标数据集上，并根据目标任务追加新层作为特定的"接口层"，从而在目标任务上快速、高效地学习新的任务。

【程序2-14】

```
import tensorflow as tf
#加载预训练模型和预训练参数

resnet = tf.keras.applications.resnet50.ResNet50(weights='imagenet',
include_top=False)
```

```
#随机生成一个和图片维度相同的数据
img = tf.random.truncated_normal([1,224,224,3])

result = resnet(img)                    #使用模型进行计算
print(result.shape)                     #打印模型计算结果的维度
```

2.5.2 使用 ResNet50 作为特征提取层建立模型

下面使用 ResNet50 作为特征提取层建立一个特定的目标分类器，简单地进行二分类的分类，代码如下（讲解在代码后部）：

【程序2-15】

```
import tensorflow as tf

resnet_layer = tf.keras.applications.resnet50.ResNet50
(weights='imagenet',include_top=False,pooling = False) #载入resnet模型和参数

#使用全局池化层进行数据压缩
flatten_layer = tf.keras.layers.GlobalAveragePooling2D()
drop_out_layer = tf.keras.layers.Dropout(0.1)       #使用dropout防止过拟合
fc_layer = tf.keras.layers.Dense(2)                 #接上分类层

binary_classes = tf.keras.Sequential([resnet_layer,flatten_layer,
drop_out_layer,fc_layer])                           #组合模型
print(binary_classes.summary())                     #打印模型结构
```

一般来说，预训练的特征提取器放在自定义的模型第一层，主要是用作对数据集的特征提取，之后的全局池化层是对数据维度进行压缩，将4维的数据特征重新定义成2维，从而将特征从[batch_size,7,7,2048]降维到[batch_size,2048]，读者可以自行打印查看。

drop_out_layer 屏蔽掉某些层用作防止过拟合的层，fc_layer 用作对特定目标的分类层，这里通过设置 unit 参数为 2 定义分成 2 个类。

最后一步是对定义的各个层进行组合：

```
binary_classes = tf.keras.Sequential([resnet_layer,flatten_layer,
drop_out_layr,fc_layer])
```

sequential 函数将各个层组合成一个完整的模型，打印结果如图 2.42 所示。

不同于直接对 ResNet50 预训练模型的结构，这里仅仅将 ResNet50 当成一个自定义的层来使用，因此这里依次显示了各个层的名称和参数，最下方是模型参数的总数。

```
Model: "sequential"
_____
Layer (type)                 Output Shape              Param #
=================================================================
resnet50 (Model)             (None, None, None, 2048)  23587712
_____
global_average_pooling2d (Gl (None, 2048)              0
_____
dropout (Dropout)            (None, 2048)              0
_____
dense (Dense)                (None, 2)                 4098
=================================================================
Total params: 23,591,810
Trainable params: 23,538,690
Non-trainable params: 53,120
_____
None
```

图 2.42 组合成一个完整的模型

下面还有一个问题是关于参数的，可以看到基本上所有的参数都是可训练的，也就是在模型的训练过程中所有的参数都参与了计算和更新。对于某些任务来说，预训练模型的参数是不需要更新的，因此可以对 ResNet50 模型进行设置，代码如下：

【程序2-16】

```
import tensorflow as tf

resnet_layer = tf.keras.applications.resnet50.ResNet50(weights='imagenet',
include_top=False,pooling = False)
resnet_layer.trainable = False                    #显式地设置resnet层为不可训练
flatten_layer = tf.keras.layers.GlobalAveragePooling2D()
drop_out_layer = tf.keras.layers.Dropout(0.1)
fc_layer = tf.keras.layers.Dense(2)

binary_classes = tf.keras.Sequential([resnet_layer,flatten_layer,
drop_out_layer,fc_layer])
print(binary_classes.summary())
```

相对于上一个代码段，这里额外设置了 **resnet_layer.trainable = False**，显式地标注 resnet 为不可训练的层，因此 resnet 的参数在模型中不参与训练。

这里有一个小技巧：通过模型的大概描述比较参数的训练量，显示结果如图 2.43 所示。

```
Model: "sequential"
_____
Layer (type)                 Output Shape              Param #
=================================================================
resnet50 (Model)             (None, None, None, 2048)  23587712
_____
global_average_pooling2d (Gl (None, 2048)              0
_____
dropout (Dropout)            (None, 2048)              0
_____
dense (Dense)                (None, 2)                 4098
=================================================================
Total params: 23,591,810
Trainable params: 4,098
Non-trainable params: 23,587,712
_____
None
```

图 2.43　模型展示

从图 2.43 可以看到，这里 Non-trainable 的参数占了大部分，也就是 resnet 模型参数不参与训练。读者可以自行比较。

> **注　意**
>
> 在使用 ResNet 模型做特征提取器的时候，Keras 中 ResNet50 模型是使用 imagenet 数据集做的预训练模型，因此输入的数据大小最低为[224,224,3]。如果使用相同的方法进行预训练模型的自定义，那么输入的数据维度最小要为[224,224,3]。

其他模型的调用请有兴趣的读者自行完成。

2.6　本章小结

本章介绍 TensorFlow 和 Keras 的入门知识，为读者演示了 TensorFlow 高级 API Keras 的使用与自定义用法。本章最后一部分使用 Keras 模型库，仅仅是为了告诉读者可以使用预训练模型做特征提取器，并不鼓励读者完全使用预定义模型去进行特定任务的求解。学习完本章后，相信读者对使用一个简单的全连接网络去完成一个基本的计算已经得心应手。

本章只是深度学习的入门部分，下一章将介绍深度学习中最重要的 BP 神经网络。

第 3 章

深度学习的理论基础

上一章介绍了 Keras 的基本使用方法,并通过两个简单的入门例子演示了入门程序——Hello TensorFlow &Keras！

虽然从代码来看通过 TensorFlow 构建一个可用的神经网络程序对回归进行拟合分析并不是很难的事,但是其背后的原理不容小觑。

从本章开始,笔者将从 BP 神经网络(见图 3.1)说起,介绍其概念、原理以及背后的数学原理。如果觉得本章的后半部分有一定的难度,读者可以自行决定是否阅读。

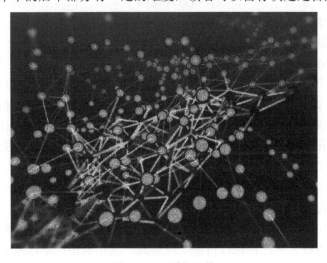

图 3.1　BP 神经网络

3.1 BP 神经网络简介

在介绍 BP 神经网络之前，人工神经网络是必须提到的内容。人工神经网络（Artificial Neural Network，ANN）的发展经历了大约半个世纪，从 20 世纪 40 年代初到 80 年代，神经网络的研究经历了几起几落的发展过程。

1930 年，B.Widrow 和 M.Hoff 提出了自适应线性元件网络（ADAptive LINear NEuron，ADALINE），这是一种连续取值的线性加权求和阈值网络。后来，在此基础上发展了非线性多层自适应网络。Widrow-Hoff 的技术被称为最小均方误差（Least Mean Square，LMS）学习规则，从此神经网络的发展进入了第一个高潮期。

的确，在有限范围内感知机有较好的功能，并且收敛定理得到证明。单层感知机能够通过学习把线性可分的模式分开，但对于像 XOR（异或）这样简单的非线性问题却无法求解，这一点让人们大失所望，甚至开始怀疑神经网络的价值和潜力。

1939 年，麻省理工学院著名的人工智能专家 M.Minsky 和 S.Papert 出版了颇有影响力的 Perceptron 一书，从数学上剖析了简单神经网络的功能和局限性，并且指出多层感知机还不能找到有效的计算方法。M.Minsky 在学术界的地位和影响比较大，其悲观的结论被大多数人所接受（这些人并未做进一步的分析）；加上当时以逻辑推理为研究基础的人工智能和数字计算机的辉煌成就，大大降低了人们对神经网络研究的热情。

20 世纪 30 年代末期，人工神经网络的研究进入低潮。尽管如此，神经网络的研究并未完全停顿下来，仍有不少学者在极其艰难的条件下致力于这一研究。

1943 年，心理学家 W·McCulloch 和数理逻辑学家 W·Pitts 在分析、总结神经元基本特性的基础上提出神经元的数学模型（McCulloch-Pitts 模型，简称 MP 模型），标志着神经网络研究的开始。受当时研究条件的限制，很多工作不能模拟，在一定程度上影响了 MP 模型的发展。尽管如此，MP 模型对后来的各种神经元模型及网络模型也都有很大的启发作用。1949 年，D.O.Hebb 从心理学的角度提出了至今仍对神经网络理论有重要影响的 Hebb 法则。

1945 年，冯·诺依曼领导的设计小组试制成功存储程序式电子计算机，标志着电子计算机时代的开始。1948 年，他在研究工作中比较了人脑结构与存储程序式计算机的根本区别，提出了以简单神经元构成的再生自动机网络结构。但是，指令存储式计算机技术的发展非常迅速，迫使他放弃了神经网络研究的新途径，继续投身于指令存储式计算机技术的研究，并在此领域做出了巨大贡献。虽然冯·诺依曼的名字是与普通计算机联系在一起的，但他也是人工神经网络研究的先驱（见图 3.2）之一。

1958 年，F·Rosenblatt 设计制作了"感知机"，它是一种多层的神经网络。这项工作首次把人工神经网络的研究从理论探讨付诸工程实践。感知机由简单的阈值性神经元组成，初步具备了诸如学习、并行处理、分布存储等神经网络的一些基本特征，从而确立了从系统角度进行人工神经网络研究的基础。

图 3.2　人工神经网络研究的先驱们

1972 年，T.Kohonen 和 J.Anderson 不约而同地提出具有联想记忆功能的新神经网络。1973 年，S.Grossberg 与 G.A.Carpenter 提出了自适应共振理论（Adaptive Resonance Theory，ART），并在以后的若干年内发展了 ART1、ART2、ART3 这 3 个神经网络模型，从而为神经网络研究的发展奠定了理论基础。

20 世纪 80 年代，特别是 80 年代末期，对神经网络的研究从复兴很快转入了新的热潮。这主要是因为：一方面,经过十几年迅速发展、以逻辑符号处理为主的人工智能理论和冯·诺依曼计算机在处理诸如视觉、听觉、形象思维、联想记忆等智能信息处理问题上受到了挫折；另一方面，并行分布处理的神经网络本身的研究成果使人们看到了新的希望。

1982 年，美国加州工学院的物理学家 J.Hoppfield 提出了 HNN（Hoppfield Neural Network）模型，并首次引入了网络能量函数概念，使网络稳定性研究有了明确的判据，其电子电路的实现为神经计算机的研究奠定了基础，同时也开拓了神经网络用于联想记忆和优化计算的新途径。

1983 年，K.Fukushima 等提出了神经认知机网络理论；D.Rumelhart 和 J.McCelland 等提出了 PDP（Parallel Distributed Processing）理论，致力于认知微观结构的探索，同时发展了多层网络的 BP 算法，使 BP 网络成为目前应用最广的网络。1985 年，D.H.Ackley、G.E.Hinton 和 T.J.Sejnowski 将模拟退火概念移植到 Boltzmann 机模型的学习之中，以保证网络能收敛到全局最小值。

反向传播（BackPropagation，如图 3.3 所示）一词的使用出现在 1983 年，它的广泛使用是在 1985 年 D.Rumelhart 和 J.McCelland 所著的 *Parallel Distributed Processing* 这本书出版以后。1987 年，T.Kohonen 提出了自组织映射（Self Organizing Map，SOM）；美国电气和电子工程师学会（Institute for Electrical and Electronic Engineers，IEEE）在圣地亚哥（San Diego）召开了盛大规模的神经网络国际学术会议，国际神经网络学会（International Neural Networks Society）也随之诞生。

1988 年，国际神经网络学会的正式杂志 *Neural Networks* 创刊；从 1988 年开始，国际神经网络学会和 IEEE 每年联合召开一次国际学术年会。1990 年，IEEE 神经网络会刊问世，各种期刊的神经网络特刊层出不穷，神经网络的理论研究和实际应用进入一个蓬勃发展的时期。

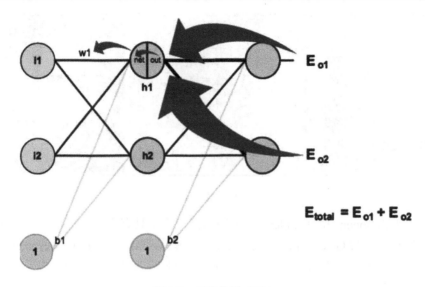

图 3.3　反向传播（BP）

BP 神经网络（见图 3.4）的代表者是 D.Rumelhart 和 J.McCelland，BP 神经网络是一种按误差逆传播算法训练的多层前馈网络，是目前应用最广泛的神经网络模型之一。

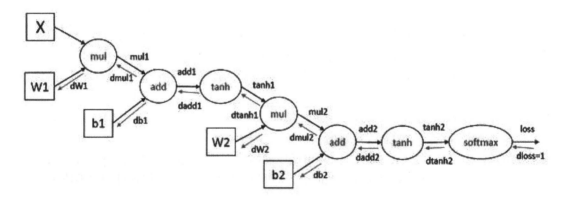

图 3.4　BP 神经网络

BP 算法(反向传播算法)的学习过程由信息的正向传播和误差的反向传播两个过程组成。

- 输入层：各神经元负责接收来自外界的输入信息，并传递给中间层神经元。
- 中间层：中间层是内部信息处理层，负责信息变换。根据信息变化能力的需求，中间层可以设计为单隐藏层或者多隐藏层结构。
- 最后一个隐藏层：传递到输出层各神经元的信息，经进一步处理后，完成一次学习的正向传播处理过程，由输出层向外界输出信息处理结果。

当实际输出与期望输出不符时，进入误差的反向传播阶段。误差通过输出层，按误差梯度下降的方式修正各层权值，向隐藏层、输入层逐层反传。周而复始的信息正向传播和误差反向传播过程是各层权值不断调整的过程，也是神经网络学习训练的过程。此过程一直进行到网络输出的误差减少到可以接受的程度，或者预先设定的学习次数为止。

目前神经网络的研究方向和应用很多，反映了多学科交叉技术领域的特点，主要的研究工作集中在以下几个方面：

- 生物原型研究。从生理学、心理学、解剖学、脑科学、病理学等生物科学方面研究神经细胞、神经网络、神经系统的生物原型结构及其功能机理。
- 建立理论模型。根据生物原型的研究，建立神经元、神经网络的理论模型，其中包括概念模型、知识模型、物理化学模型、数学模型等。
- 网络模型与算法研究。在理论模型研究的基础上构建具体的神经网络模型，以实现计算机模拟或硬件的仿真，并且还包括网络学习算法的研究。这方面的工作也称为技术模型研究。
- 人工神经网络应用系统。在网络模型与算法研究的基础上，利用人工神经网络组成实际的应用系统。例如，完成某种信号处理或模式识别的功能、构建专家系统、制造机器人等。

纵观当代新兴科学技术的发展历史，人类在征服宇宙空间、基本粒子、生命起源等科学技术领域的进程中历经了崎岖不平的道路。我们也会看到，探索人脑功能和神经网络的研究将伴随着重重困难的克服而日新月异。

3.2 BP 神经网络两个基础算法详解

在正式介绍 BP 神经网络之前，需要首先介绍两个非常重要的算法，即随机梯度下降算法和最小二乘法。

最小二乘法是统计分析中最常用的逼近计算的一种算法，其交替计算结果使得最终结果尽可能逼近真实结果。随机梯度下降算法是其充分利用了 TensorFlow 框架的图运算特性的迭代和高效性，通过不停地判断和选择当前目标下的最优路径，使得能够在最短路径下达到最优的结果，从而提高大数据的计算效率。

3.2.1 最小二乘法详解

最小二乘法（LS 算法）是一种数学优化技术，也是一种机器学习的常用算法。它通过最小化误差的平方和寻找数据的最佳函数匹配。利用最小二乘法可以简便地求得未知的数据，并使得这些求得的数据与实际数据之间误差的平方和为最小。最小二乘法还可用于曲线拟合。其他一些优化问题也可通过最小化能量或最大化熵用最小二乘法来表达。

最小二乘法不是本章的重点内容，笔者只通过一个图示演示一下 LS 算法的原理。LS 算法原理如图 3.5 所示。

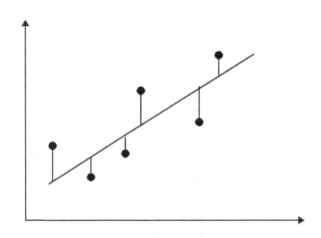

图 3.5 最小二乘法原理

从图 3.5 可以看到，若干个点依次分布在向量空间中，如果希望找出一条直线和这些点达到最佳匹配，那么最简单的一个方法就是希望这些点到直线的值最小，即下面最小二乘法实现公式最小。

$$f(x) = ax + b$$
$$\delta = \sum (f(x_i) - y_i)^2$$

这里直接引用的是真实值与计算值之间的差的平方和，具体而言，这种差值有个专门的名称，即"残差"。基于此，表达残差的方式有以下 3 种：

- ∞范数：残差绝对值的最大值 $\max\limits_{1 \leq i \leq m} |r_i|$，即所有数据点中残差距离的最大值。
- L1范数：绝对残差和 $\sum_{i=1}^{m} |r_i|$，即所有数据点残差距离之和。
- L2范数：残差平方和 $\sum_{i=1}^{m} |r_i^2|$。

所谓最小二乘法，也就是 L2 范数的一个具体应用。通俗地说，就是看模型计算出的结果与真实值之间的相似性。

因此，最小二乘法的定义可由如下定义：

对于给定的数据 (x_i, y_i)（$i=1,…,m$），在取定的假设空间 H 中，求解 $f(x) \in H$，使得残差 $\delta = \sum (f(x_i) - y_i)^2$ 的 L2 范数最小。

实际上，函数 $f(x)$ 是一条多项式函数曲线（在本例中假定为一条直线方程）：

$$y = ax + b$$

所谓的最小二乘法就是找到一组权重 w，使得 $\delta = \sum (f(x_i) - y_i)^2$ 最小。那么如何能使得最小二乘法最小？

对于求出最小二乘法的结果，可以通过数学上的微积分处理方法，这是一个求极值的问题，只需要对权值（a 和 b）依次求偏导数，最后令偏导数为 0，即可求出极值点。

$$\frac{\partial f}{\partial a} = \sum_{i=1}^{n} 2x_i(ax_i + b - y_i)$$

$$\frac{\partial f}{\partial b} = \sum_{i=1}^{n} 2(ax_i + b - y_i)$$

具体实现了最小二乘法的代码如下所示:

【程序3-1】

```
import numpy as np
from matplotlib import pyplot as plt
A = np.array([[5],[4]])
C = np.array([[4],[6]])
B = A.T.dot(C)
AA = np.linalg.inv(A.T.dot(A))
l=AA.dot(B)
P=A.dot(l)
x=np.linspace(-2,2,10)
x.shape=(1,10)
xx=A.dot(x)
fig = plt.figure()
ax= fig.add_subplot(111)
ax.plot(xx[0,:],xx[1,:])
ax.plot(A[0],A[1],'ko')
ax.plot([C[0],P[0]],[C[1],P[1]],'r-o')
ax.plot([0,C[0]],[0,C[1]],'m-o')
ax.axvline(x=0,color='black')
ax.axhline(y=0,color='black')
margin=0.1
ax.text(A[0]+margin, A[1]+margin, r"A",fontsize=20)
ax.text(C[0]+margin, C[1]+margin, r"C",fontsize=20)
ax.text(P[0]+margin, P[1]+margin, r"P",fontsize=20)
ax.text(0+margin,0+margin,r"O",fontsize=20)
ax.text(0+margin,4+margin, r"y",fontsize=20)
ax.text(4+margin,0+margin, r"x",fontsize=20)
plt.xticks(np.arange(-2,3))
plt.yticks(np.arange(-2,3))
ax.axis('equal')
plt.show()
```

最终结果如图 3.6 所示。

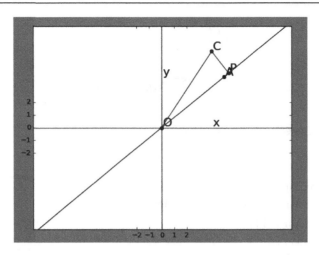

图 3.6　最小二乘法拟合曲线

3.2.2　道士下山的故事——梯度下降算法

在介绍随机梯度下降算法之前，给大家讲一个道士下山的故事，请看图 3.7。

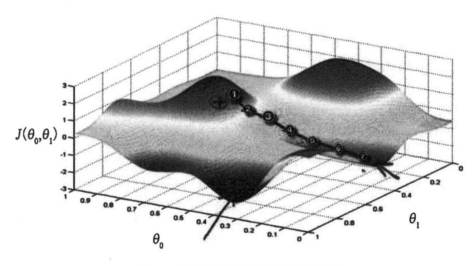

图 3.7　模拟随机梯度下降算法的演示图

这是一个模拟随机梯度下降算法的演示图。为了便于理解，我们将其比喻成道士想要出去游玩的一座山。

设想道士有一天和道友一起到一座不太熟悉的山上去玩，在兴趣盎然中很快登上了山顶。但是天有不测，下起了雨。如果这时需要道士和其同来的道友用最快的速度下山，那么怎么办呢？

如果想以最快的速度下山，那么最快的办法就是顺着坡度最陡峭的地方走下去。由于不熟悉路，道士在下山的过程中，每走过一段路程就需要停下来观望，从而选择最陡峭的下山路。这样一路走下来的话，就可以在最短时间内走到底。

图 3.7 中的路可以近似地表示为：

① → ② → ③ → ④ → ⑤ → ⑥ → ⑦

每个数字代表每次停顿的地点，这样只需要在每个停顿的地点选择最陡峭的下山路即可。

这就是道士下山的故事，随机梯度下降算法和这个类似。如果想要使用最迅捷的下山方法，那么最简单的办法就是在下降一个梯度的阶层后，寻找一个当前获得的最大坡度继续下降。这就是随机梯度算法的原理。

从上面的例子可以看到，随机梯度下降算法就是不停地寻找某个节点中下降幅度最大的那个趋势进行迭代计算，直到将数据收缩到符合要求的范围为止。通过数学公式表达的方式计算的话，公式如下：

$$f(\theta) = \theta_0 x_0 + \theta_1 x_1 + ... + \theta_n x_n = \sum \theta_i x_i$$

在上一节讲最小二乘法的时候，我们通过最小二乘法说明了直接求解最优化变量的方法，也介绍了在求解过程中的前提条件是要求计算值与实际值的偏差的平方最小。

在随机梯度下降算法中，对于系数则需要不停地计算基于当前位置下偏导数的解。同样使用数学方式表达的话就是不停地对系数 θ 求偏导数，即：

$$\frac{\partial f}{\partial \theta} = \frac{\partial}{\partial \theta}(\sum_{i=1}^{n}(f(\theta)-y_i)' \times 2) = \sum_{i=1}^{n} 2(f(\theta)-y_i)x_i$$

公式中的 θ 会向着梯度下降的最快方向减少，从而推断出 θ 的最优解。

因此，随机梯度下降算法最终被归结为：通过迭代计算特征值求出最合适的值。θ 求解的公式如下：

$$\theta = \theta - \alpha(f(\theta) - y_i)x_i$$

公式中的 α 是下降系数，用较为通俗的话表示就是用来计算每次下降的幅度大小。系数越大，每次计算中的差值较大；系数越小，差值越小，但是计算时间也相对延长。

随机梯度下降算法通过一个模型来表示的话，如图 3.8 所示。

图 3.8　随机梯度下降算法过程

从图 3.8 中可以看到，实现随机梯度下降算法的关键是拟合算法的实现。本例的拟合算法实现较为简单，通过不停地修正数据值来达到数据的最优值。

随机梯度下降算法在神经网络特别是机器学习中的应用较广，由于其天生的缺陷，噪声较多，使得在计算过程中并不是都向着整体最优解的方向优化，往往可能只是一个局部最优解。为了克服这些困难，最好的办法就是增大数据量，在不停地使用数据进行迭代处理的时候确保整体的方向是全局最优解，或者最优结果在全局最优解附近。

【程序3-2】

```
x = [(2, 0, 3), (1, 0, 3), (1, 1, 3), (1,4, 2), (1, 2, 4)]
y = [5, 6, 8, 10, 11]
epsilon = 0.002
alpha = 0.02
diff = [0, 0]
max_itor = 1000
error0 = 0
error1 = 0
cnt = 0
m = len(x)
theta0 = 0
theta1 = 0
theta2 = 0
while True:
    cnt += 1
    for i in range(m):
        diff[0] = (theta0 * x[i][0] + theta1 * x[i][1] + theta2 * x[i][2]) - y[i]
        theta0 -= alpha * diff[0] * x[i][0]
        theta1 -= alpha * diff[0] * x[i][1]
        theta2 -= alpha * diff[0] * x[i][2]
    error1 = 0
    for lp in range(len(x)):
        error1 += (y[lp] - (theta0 + theta1 * x[lp][1] + theta2 * x[lp][2])) ** 2 / 2
    if abs(error1 - error0) < epsilon:
        break
    else:
        error0 = error1
print('theta0 : %f, theta1 : %f, theta2 : %f, error1 : %f' % (theta0, theta1, theta2, error1))
print('Done: theta0 : %f, theta1 : %f, theta2 : %f' % (theta0, theta1, theta2))
print('迭代次数: %d' % cnt)
```

最终结果打印如下：

```
theta0 : 0.100684, theta1 : 1.564907, theta2 : 1.920652, error1 : 0.569459
Done: theta0 : 0.100684, theta1 : 1.564907, theta2 : 1.920652
迭代次数: 2118
```

从结果上看，迭代 2118 次即可获得最优解。

3.3 反馈神经网络反向传播算法

反向传播算法是神经网络的核心与精髓，在神经网络算法中具有举足轻重的地位。

用通俗的话说，反向传播算法就是复合函数的链式求导法则的强大应用，而且实际上的应用比起理论上的推导强大得多。本节将主要介绍反向传播算法最简单模型的推导，虽然模型简单，但是这个简单的模型是其应用最为广泛的基础。

3.3.1 深度学习基础

机器学习在理论上可以看作是统计学在计算机科学上的一个应用。在统计学上，一个非常重要的内容就是拟合和预测，即基于以往的数据建立光滑的曲线模型，实现数据结果与数据变量的对应关系。

深度学习为统计学的应用，同样是为了这个目的，寻找结果与影响因素的一一对应关系。只不过样本点由狭义的 x 和 y 扩展到向量、矩阵等广义的对应点。由于数据较复杂，对应关系模型的复杂度也随之增加，因而不能使用一个简单的函数来表达。

数学上通过建立复杂的高次多元函数解决复杂模型拟合的问题，但是大多数都失败了，因为过于复杂的函数式是无法进行求解的，也就是其公式的获取不可能。

基于前人的研究，科研工作人员发现可以通过神经网络来表示这样的一一对应关系，而神经网络本质就是一个多元复合函数，通过增加神经网络的层次和神经单元可以更好地表达函数的复合关系。

图 3.9 是多层神经网络的一个图像表达方式，这与我们在前面 TensorFlow 游乐场中看到的神经网络模型类似。事实上也是如此，通过设置输入层、隐藏层与输出层可以形成一个多元函数，以求解相关问题。

通过数学表达式将多层神经网络模型表达出来，公式如下：

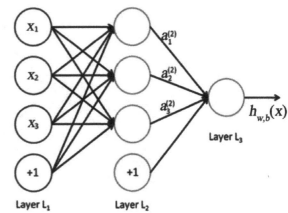

图 3.9 多层神经网络的表示

$$a_1 = f(w_{11} \times x_1 + w_{12} \times x_2 + w_{13} \times x_3 + b_1)$$
$$a_2 = f(w_{21} \times x_1 + w_{22} \times x_2 + w_{23} \times x_3 + b_2)$$
$$a_3 = f(w_{31} \times x_1 + w_{32} \times x_2 + w_{33} \times x_3 + b_3)$$
$$h(x) = f(w_{11} \times a_1 + w_{12} \times a_2 + w_{13} \times a_3 + b_1)$$

其中，x 是输入数值，w 是相邻神经元之间的权重，也就是神经网络在训练过程中需要学习的参数。与线性回归类似的是，神经网络学习同样需要一个"损失函数"，即训练目标通过调整每个权重值 w 来使得损失函数最小。前面在讲解梯度下降算法的时候已经说过，如果权重过多或者指数过大，直接求解系数是不可能的，因此梯度下降算法是求解权重问题比较好的方法。

3.3.2 链式求导法则

在前面梯度下降算法的介绍中，没有对其背后的原理做出更为详细的介绍。实际上梯度下降算法就是链式法则的一个具体应用，如果把前面公式中的损失函数以向量的形式表示为：

$$h(x) = f(w_{11}, w_{12}, w_{13}, w_{14}, ..., w_{ij})$$

那么其梯度向量为：

$$\nabla h = \frac{\partial f}{\partial W_{11}} + \frac{\partial f}{\partial W_{12}} + ... + \frac{\partial f}{\partial W_{ij}}$$

其实所谓的梯度向量就是求出函数在每个向量上的偏导数之和。这也是链式法则善于解决的方面。

下面以 $e=(a+b) \times (b+1)$（其中，$a=2$，$b=1$）为例，计算其偏导数，如图 3.10 所示。

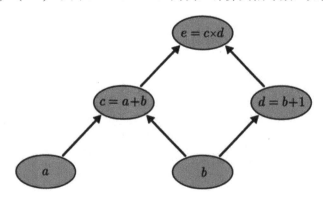

图 3.10　$e=(a+b) \times (b+1)$ 示意图

本例中为了求得最终值 e 对各个点的梯度，需要将各个点与 e 联系在一起，例如希望求得 e 对输入点 a 的梯度，则需要求得：

$$\frac{\partial e}{\partial a} = \frac{\partial e}{\partial c} \times \frac{\partial c}{\partial a}$$

这样就把 e 与 a 的梯度联系在一起了，同理可得：

$$\frac{\partial e}{\partial b} = \frac{\partial e}{\partial c} \times \frac{\partial c}{\partial b} + \frac{\partial e}{\partial d} \times \frac{\partial d}{\partial b}$$

也可以用图 3.11 表示。

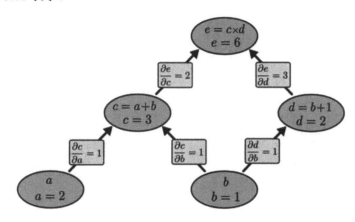

图 3.11　链式法则的应用

这样做的好处是显而易见的，求 e 对 a 的偏导数，只要建立一个 e 到 a 的路径，图中经过 c，通过相关的求导链接就可以得到所需要的值。求 e 对 b 的偏导数，也只需要建立所有 e 到 b 路径中的求导路径即可获得需要的值。

3.3.3　反馈神经网络原理与公式推导

在求导过程中，如果拉长了求导过程或者增加了其中的单元，就会大大增加其中的计算过程，即很多偏导数的求导过程会被反复计算，因此在实际中对于权值达到上十万或者上百万的神经网络来说，这样的重复冗余所导致的计算量是很大的。

同样是为了求得对权重的更新，反馈神经网络算法将训练误差 E 看作以权重向量每个元素为变量的高维函数，通过不断更新权重，寻找训练误差的最低点，按误差函数梯度下降的方向更新权值。

提　示
反馈神经网络算法的具体计算公式在本节后半部分进行推导。

首先求得最后的输出层与真实值之间的差距，如图 3.12 所示。

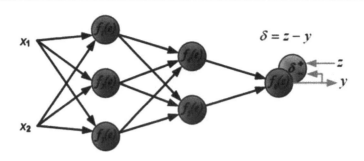

图 3.12　反馈神经网络最终误差的计算

之后以计算出的测量值与真实值为起点,反向传播到上一个节点,并计算出节点的误差值,如图 3.13 所示。

图 3.13　反馈神经网络输出层误差的传播

以后将计算出的节点误差重新设置为起点,依次向后传播误差,如图 3.14 所示。

> **注　意**
>
> 对于隐藏层,误差并不是像输出层一样由单个节点确定,而是由多个节点确定,因此对它的修正要计算所有与其连接的节点误差值反馈值之和。

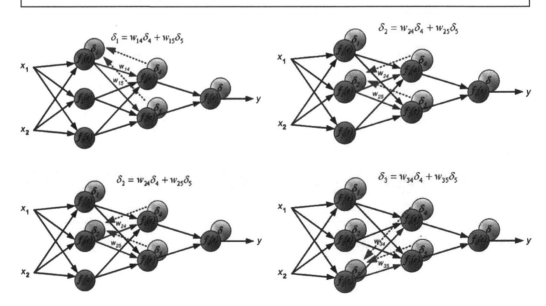

图 3.14　反馈神经网络隐藏层误差的计算

通俗地解释，一般情况下误差的产生是由于输入值与权重的计算产生了错误。输入值往往是固定不变的，因此对于误差的调节，则需要对权重进行更新。权重的更新又是以输入值与真实值的偏差为基础的，当最终层的输出误差被反向一层层地传递回来后，每个节点被相应地分配适合其在神经网络地位中所担负的误差，即只需要更新其所需承担的误差量，如图3.15 所示。

图 3.15　反馈神经网络权重的更新

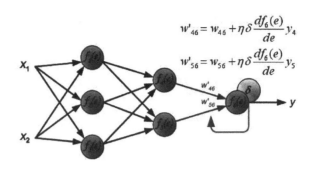

图 3.15（续）

每一层都需要维护输出对当前层的微分值，该微分值相当于被复用于之前每一层里权值的微分计算。因此，空间复杂度没有变化。同时也没有重复计算，每一个微分值都在之后的迭代中使用。

下面介绍一下公式的推导。公式的推导需要使用一些高等数学的知识，因此读者可以自由选择学习。

首先是算法的分析。前面已经说过，对于反馈神经网络算法，主要需要知道输出值与真实值之间的差值。

- 对于输出层单元，误差项是真实值与模型计算值之间的差值。
- 对于隐藏层单元，由于缺少直接的目标值来计算隐藏层单元的误差，因此需要以间接的方式来计算隐藏层的误差项对受隐藏层单元 h 影响的每一个单元的误差进行加权求和。
- 对于权值的更新方面，主要依靠学习速率、该权值对应的输入以及单元的误差项。

【定义一】前向传播算法

对于前向传播的值传递，隐藏层输出值定义如下：

$$a_h^{H1} = W_h^{H1} \times X_i$$
$$b_h^{H1} = f(a_h^{H1})$$

其中，X_i 是当前节点的输入值，W_h^{H1} 是连接到此节点的权重，a_h^{H1} 是输出值。f 是当前阶段的激活函数，b_h^{H1} 为当年节点的输入值经过计算后被激活的值。

对于输出层，定义如下：

$$a_k = \sum W_{hk} \times b_h^{H1}$$

其中，W_{hk} 为输入的权重，b_h^{H1} 为输入到输出节点的输入值。这里对所有输入值进行权重计算后求得和值，作为神经网络的最后输出值 a_k。

【定义二】反向传播算法

与前向传播类似，首先需要定义两个值 δ_k 与 δ_h^{H1}：

$$\delta_k = \frac{\partial L}{\partial a_k} = (Y - T)$$

$$\delta_h^{H1} = \frac{\partial L}{\partial a_h^{H1}}$$

其中，δ_k 为输出层的误差项，其计算值为真实值与模型计算值之间的差值；Y 是计算值，T 是输出真实值；δ_h^{H1} 为输出层的误差。

> **提　示**
>
> 对于 δ_k 与 δ_h^{H1} 来说，无论定义在哪个位置，都可以看作当前的输出值对于输入值的梯度计算。

通过前面的分析可以知道，所谓的神经网络反馈算法就是逐层将最终误差进行分解，即每一层只与下一层打交道，如图 3.16 所示。据此可以假设每一层均为输出层的前一个层级，通过计算前一个层级与输出层的误差得到权重的更新。

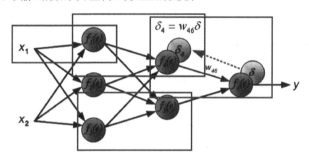

图 3.16　权重的逐层反向传导

因此，反馈神经网络计算公式定义为：

$$\begin{aligned}
\delta_h^{H1} &= \frac{\partial L}{\partial a_h^{H1}} \\
&= \frac{\partial L}{\partial b_h^{H1}} \times \frac{\partial b_h^{H1}}{\partial a_h^{H1}} \\
&= \frac{\partial L}{\partial b_h^{H1}} \times f'(a_h^{H1}) \\
&= \frac{\partial L}{\partial a_k} \times \frac{\partial a_k}{\partial b_h^{H1}} \times f'(a_h^{H1}) \\
&= \delta_k \times \sum W_{hk} \times f'(a_h^{H1}) \\
&= \sum W_{hk} \times \delta_k \times f'(a_h^{H1})
\end{aligned}$$

当前层输出值对误差的梯度可以通过下一层的误差与权重和输入值的梯度乘积获得。在公式 $\sum W_{hk} \times \delta_k \times f'(a_h^{H1})$ 中，δ_k 若为输出层，则可以通过 $\delta_k = \frac{\partial L}{\partial a_k} = (Y - T)$ 求得；若 δ_k 为非

输出层，可以使用逐层反馈的方式求得。

> **提示**
>
> 对于 δ_k 与 δ_h^{H1} 来说，其计算结果都是当前的输出值对于输入值的梯度计算，是权重更新过程中一个非常重要的数据计算内容。

或者换一种表述形式将前面的公式表示为：

$$\delta^l = \sum W_{ij}^l \times \delta_j^{l+1} \times f'(a_i^l)$$

通过更为泛化的公式把当前层的输出对输入的梯度计算转化成求下一个层级的梯度计算值。

【定义三】权重的更新

反馈神经网络计算的目的是对权重的更新，因此与梯度下降算法类似，其更新可以仿照梯度下降对权值的更新公式：

$$\theta = \theta - \alpha(f(\theta) - y_i)x_i$$

即：

$$W_{ji} = W_{ji} + \alpha \times \delta_j^l \times x_{ji}$$

$$b_{ji} = b_{ji} + \alpha \times \delta_j^l$$

其中，ji 表示为反向传播时对应的节点系数，通过对 δ_j^l 的计算就可以更新对应的权重值。

对于没有推导的 b_{ji}，其推导过程与 W_{ji} 类似，但是在推导过程中输入值是被消去的，请读者自行学习。

3.3.4 反馈神经网络原理的激活函数

现在回到反馈神经网络的函数：

$$\delta^l = \sum W_{ij}^l \times \delta_j^{l+1} \times f'(a_i^l)$$

对于此公式中的 W_{ij}^l 和 δ_j^{l+1} 以及所需要计算的目标 δ^l 已经做了较为详尽的解释，对 $f'(a_i^l)$ 则一直没有做出介绍。

回到前面生物神经元的图示中，传递进来的电信号通过神经元进行传递，由于神经元的突触强弱是有一定敏感度的，也就是只会对超过一定范围的信号进行反馈。也就是说，这个电信号必须大于某个阈值，神经元才会被激活引起后续的传递。

在训练模型中同样需要设置神经元的阈值，即神经元被激活的频率用于传递相应的信息，模型中这种确定是否能够激活当前神经元节点的函数被称为"激活函数"，如图 3.17 所示。

图 3.17　激活函数示意图

激活函数代表了生物神经元中接收到的信号强度，常见的有 sigmoid 函数。因为其在运行过程中只接受一个值，输出也是一个经过公式计算后的值，且其输出值为 0~1 之间。

$$y = \frac{1}{1+e^{-x}}$$

其图形如图 3.18 所示。

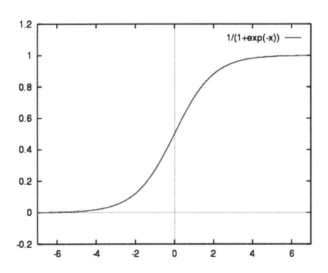

图 3.18　sigmoid 激活函数图

其倒函数求法较为简单，即：

$$y' = \frac{e^{-x}}{(1+e^{-x})^2}$$

换一种表示方式为：

$$f(x)' = f(x) \times (1 - f(x))$$

sigmoid 输入一个实数,之后将其压缩到 0~1 之间,较大的负数被映射成 0,较大的正数被映射成 1。

顺带说一句,sigmoid 函数在神经网络模型中曾经占据了很长一段时间的统治地位,但是目前已经不常使用,主要原因是其非常容易引发区域饱和。当输入开始非常大或者非常小的时候,其梯度区域为零,会在传播过程中产生接近于 0 的梯度,这样在后续的传播时会造成梯度消散的现象,因此并不适合现代的神经网络模型使用。

除此之外,近年来涌现出大量新的激活函数模型,例如 Maxout、tanh 和 ReLU。这些都是为了解决传统的 sigmoid 模型在更深程度上的神经网络所产生的各种不良影响。

> **提 示**
>
> sigmoid 函数的具体使用和影响会在后文的 TensorFlow 实战中介绍。

3.3.5 反馈神经网络原理的 Python 实现

本小节将使用 Python 语言实现神经网络的反馈算法。经过前面的解释,读者对神经网络的算法和描述有了一定的理解,本小节将使用 Python 代码去实现一个自己的反馈神经网络。

为了简化起见,这里的神经网络被设置成三层,即只有一个输入层、一个隐藏层和最终的输出层。

(1)首先是辅助函数的确定:

```
def rand(a, b):
    return (b - a) * random.random() + a
def make_matrix(m,n,fill=0.0):
    mat = []
    for i in range(m):
        mat.append([fill] * n)
    return mat
def sigmoid(x):
    return 1.0 / (1.0 + math.exp(-x))
def sigmod_derivate(x):
    return x * (1 - x)
```

代码首先定义了随机值,使用 random 包中的 random 函数生成一系列随机数,之后的 make_matrix 函数生成了相对应的矩阵。sigmoid 和 sigmod_derivate 分别是激活函数和激活函数的导函数。这也是前文所定义的内容。

(2)之后进入 BP 神经网络类的正式定义,类的定义需要对数据进行内容的设定。

```
def __init__(self):
    self.input_n = 0
    self.hidden_n = 0
    self.output_n = 0
```

```
            self.input_cells = []
            self.hidden_cells = []
            self.output_cells = []
            self.input_weights = []
            self.output_weights = []
```

init 函数是数据内容的初始化，即在其中设置了输入层、隐藏层以及输出层中节点的个数；各个 cell 数据是各个层中节点的数值；weights 数据代表各个层的权重。

（3）setup 函数的作用是对 init 函数中设定的数据进行初始化。

```
    def setup(self,ni,nh,no):
        self.input_n = ni + 1
        self.hidden_n = nh
        self.output_n = no
        self.input_cells = [1.0] * self.input_n
        self.hidden_cells = [1.0] * self.hidden_n
        self.output_cells = [1.0] * self.output_n
        self.input_weights = make_matrix(self.input_n,self.hidden_n)
        self.output_weights = make_matrix(self.hidden_n,self.output_n)
        # random activate
        for i in range(self.input_n):
            for h in range(self.hidden_n):
                self.input_weights[i][h] = rand(-0.2, 0.2)
        for h in range(self.hidden_n):
            for o in range(self.output_n):
                self.output_weights[h][o] = rand(-2.0, 2.0)
```

注意，输入层节点个数被设置成 ni+1，这是由于其中包含 bias（偏置数）；各个节点与 1.0 相乘是初始化节点的数值；各个层的权重值根据输入层、隐藏层以及输出层中节点的个数被初始化并被赋值。

（4）定义完各个层的数目后，下面进入正式的神经网络内容的定义。首先是对于神经网络前向的计算。

```
    def predict(self,inputs):
        for i in range(self.input_n - 1):
            self.input_cells[i] = inputs[i]
        for j in range(self.hidden_n):
            total = 0.0
            for i in range(self.input_n):
                total += self.input_cells[i] * self.input_weights[i][j]
            self.hidden_cells[j] = sigmoid(total)
        for k in range(self.output_n):
            total = 0.0
            for j in range(self.hidden_n):
                total += self.hidden_cells[j] * self.output_weights[j][k]
            self.output_cells[k] = sigmoid(total)
```

```
        return self.output_cells[:]
```

将数据输入到函数中，通过隐藏层和输出层的计算，最终以数组的形式输出。案例的完整代码如下所示：

【程序3-3】

```
import numpy as np
import math
import random
def rand(a, b):
    return (b - a) * random.random() + a
def make_matrix(m,n,fill=0.0):
    mat = []
    for i in range(m):
        mat.append([fill] * n)
    return mat
def sigmoid(x):
return 1.0 / (1.0 + math.exp(-x))
def sigmod_derivate(x):
    return x * (1 - x)
class BPNeuralNetwork:
    def __init__(self):
        self.input_n = 0
        self.hidden_n = 0
        self.output_n = 0
        self.input_cells = []
        self.hidden_cells = []
        self.output_cells = []
        self.input_weights = []
        self.output_weights = []
    def setup(self,ni,nh,no):
        self.input_n = ni + 1
        self.hidden_n = nh
        self.output_n = no
        self.input_cells = [1.0] * self.input_n
        self.hidden_cells = [1.0] * self.hidden_n
        self.output_cells = [1.0] * self.output_n
        self.input_weights = make_matrix(self.input_n,self.hidden_n)
        self.output_weights = make_matrix(self.hidden_n,self.output_n)
        # random activate
        for i in range(self.input_n):
            for h in range(self.hidden_n):
                self.input_weights[i][h] = rand(-0.2, 0.2)
        for h in range(self.hidden_n):
            for o in range(self.output_n):
```

```python
            self.output_weights[h][o] = rand(-2.0, 2.0)
    def predict(self,inputs):
        for i in range(self.input_n - 1):
            self.input_cells[i] = inputs[i]
        for j in range(self.hidden_n):
            total = 0.0
            for i in range(self.input_n):
                total += self.input_cells[i] * self.input_weights[i][j]
            self.hidden_cells[j] = sigmoid(total)
        for k in range(self.output_n):
            total = 0.0
            for j in range(self.hidden_n):
                total += self.hidden_cells[j] * self.output_weights[j][k]
            self.output_cells[k] = sigmoid(total)
        return self.output_cells[:]
    def back_propagate(self,case,label,learn):
        self.predict(case)
        #计算输出层的误差
        output_deltas = [0.0] * self.output_n
        for k in range(self.output_n):
            error = label[k] - self.output_cells[k]
            output_deltas[k] = sigmod_derivate(self.output_cells[k]) * error
        #计算隐藏层的误差
        hidden_deltas = [0.0] * self.hidden_n
        for j in range(self.hidden_n):
            error = 0.0
            for k in range(self.output_n):
                error += output_deltas[k] * self.output_weights[j][k]
            hidden_deltas[j] = sigmod_derivate(self.hidden_cells[j]) * error
        #更新输出层权重
        for j in range(self.hidden_n):
            for k in range(self.output_n):
                self.output_weights[j][k] += learn * output_deltas[k] * self.hidden_cells[j]
        #更新隐藏层权重
        for i in range(self.input_n):
            for j in range(self.hidden_n):
                self.input_weights[i][j] += learn * hidden_deltas[j] * self.input_cells[i]
        error = 0
        for o in range(len(label)):
            error += 0.5 * (label[o] - self.output_cells[o]) ** 2
        return error
    def train(self,cases,labels,limit = 100,learn = 0.05):
        for i in range(limit):
```

```
            error = 0
            for i in range(len(cases)):
                label = labels[i]
                case = cases[i]
                error += self.back_propagate(case, label, learn)
        pass
    def test(self):
        cases = [
            [0, 0],
            [0, 1],
            [1, 0],
            [1, 1],
        ]
        labels = [[0], [1], [1], [0]]
        self.setup(2, 5, 1)
        self.train(cases, labels, 10000, 0.05)
        for case in cases:
            print(self.predict(case))
if __name__ == '__main__':
    nn = BPNeuralNetwork()
    nn.test()
```

3.4 本章小结

本章偏理论基础，主要讲解深度学习的核心算法：反向传播算法。虽然在编程中可能并不需要显式地使用反向传播，或者框架自动完成了反向传播的计算，但是了解和掌握反向传播算法能使读者在程序的编写过程中事半功倍。

第 4 章

卷积层与 MNIST 实战

卷积神经网络是从信号处理衍生过来的一种对数字信号处理的方式，发展到图像信号处理上演变成一种专门用来处理具有矩阵特征的网络结构处理方式。卷积神经网络在很多应用上都有独特的优势，甚至可以说是无可比拟的，例如音频的处理和图像处理。

本章将会介绍什么是卷积神经网络，介绍卷积实际上是一种不太复杂的数学运算，即卷积是一种特殊的线性运算形式。之后会介绍"池化"这一概念，这是卷积神经网络中必不可少的操作。另外，为了消除过拟合会介绍 dropout（随机失活）这一常用的方法。这些是为了让卷积神经网络运行得更加高效的一些常用方法。

4.1 卷积运算基本概念

在数字图像处理中有一种基本的处理方法，即线性滤波。它将待处理的二维数字看作一个大型矩阵，图像中的每个像素可以看作矩阵中的每个元素，像素的大小就是矩阵中的元素值。

使用的滤波工具是另一个小型矩阵，这个矩阵被称为卷积核。卷积核的大小远远小于图像矩阵，而具体的计算方式就是对于图像大矩阵中的每个像素，计算其周围的像素和卷积核对应位置的乘积，之后将结果相加，得到的终值就是该像素的值，这样就完成了一次卷积。最简单的图像卷积方式如图 4.1 所示。

本节将详细介绍卷积的运算、定义以及一些细节的调整，这些都是卷积使用中必不可少的内容。

图 4.1　卷积运算

4.1.1　卷积运算

前面已经说过了，卷积实际上是使用两个大小不同的矩阵进行的一种数学运算。为了便于读者理解，我们从一个例子开始。

需要对高速公路上的跑车进行位置追踪，这也是卷积神经网络图像处理非常重要的应用。摄像头接收到的信号被计算为 $x(t)$，表示跑车在路上时刻 t 的位置。

实际上的处理往往没有那么简单，因为在自然界中无时无刻不面临各种影响和摄像头传感器的滞后。为了得到跑车位置的实时数据，采用的方法就是对测量结果进行均值化处理。对于运动中的目标，时间越久的位置越不可靠，时间离越短的位置对真实值的相关性越高。因此，可以对不同的时间段赋予不同的权重，即通过一个权值定义来计算。这个可以表示为：

$$s(t) = \int x(a)\omega(t-a)\mathrm{d}a$$

这种运算方式被称为卷积运算。换个符号表示为：

$$s(t) = (x * \omega)(t)$$

在卷积公式中，第一个参数 x 被称为"输入数据"；第二个参数 ω 被称为"核函数"；$s(t)$ 是输出，即特征映射。

对于稀疏矩阵（见图 4.2）来说，卷积网络具有稀疏性，即卷积核的大小远远小于输入数据矩阵的大小。例如，输入一个图片信息，数据的大小可能为上万的结构，但是使用的卷积核却只有几十，这样能够在计算后获取更少的参数特征，极大地减少了后续的计算量。

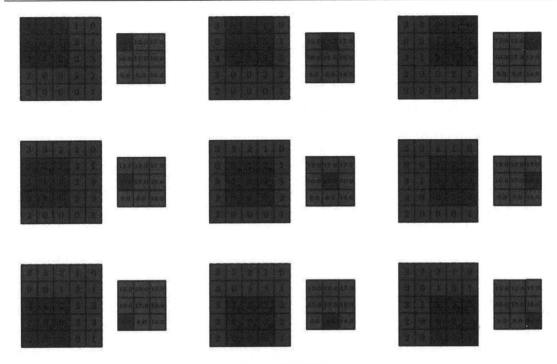

图 4.2 稀疏矩阵

参数共享指的是在特征提取过程中不同输入值的同一个位置区域上会使用相同的参数，在传统的神经网络中每个权重只对其连接的输入输出起作用，当其连接的输入输出元素结束后就不会再用到。在卷积神经网络中，卷积核的每一个元素都被用在输入的同一个位置上，在过程中只需学习一个参数集合，就能把这个参数应用到所有的图片元素中。

【程序4-1】

```
import struct
import matplotlib.pyplot as plt
import  numpy as np
dateMat = np.ones((7,7))
kernel = np.array([[2,1,1],[3,0,1],[1,1,0]])
def convolve(dateMat,kernel):
    m,n = dateMat.shape
    km,kn = kernel.shape
    newMat = np.ones(((m - km + 1),(n - kn + 1)))
    tempMat = np.ones(((km),(kn)))
    for row in range(m - km + 1):
        for col in range(n - kn + 1):
            for m_k in range(km):
                for n_k in range(kn):
                    tempMat[m_k,n_k] = dateMat[(row + m_k),(col + n_k)] * kernel[m_k,n_k]
            newMat[row,col] = np.sum(tempMat)
```

```
        return newMat
```

程序 4-1 实现了由 Python 实现的卷积操作,这里卷积核从左到右、从上到下进行卷积计算,最后返回新的矩阵。

4.1.2 TensorFlow 中卷积函数的实现

前面章节中通过 Python 实现了卷积的计算,TensorFlow 为了框架计算的迅捷同样也使用了专门的函数 Conv2D(Conv)作为卷积计算函数。这个函数是搭建卷积神经网络最为核心的函数之一,非常重要。(卷积层的具体内容请读者参考相关资料自行学习,本书将不再展开讲解。)

```
class Conv2D(Conv):
    def __init__(self, filters, kernel_size, strides=(1, 1), padding='valid',
data_format=None, dilation_rate=(1, 1), activation=None, use_bias=True,
kernel_initializer='glorot_uniform', bias_initializer='zeros',
kernel_regularizer=None, bias_regularizer=None, activity_regularizer=None,
kernel_constraint=None, bias_constraint=None, **kwargs):
```

Conv2D(Conv)是 TensorFlow 的卷积层自带的函数,最重要的 5 个参数如下:

- filters:卷积核数目,卷积计算时折射使用的空间维度。
- kernel_size:卷积核大小,要求是一个 Tensor,具有 [filter_height, filter_width, in_channels, out_channels]这样的shape,具体含义是[卷积核的高度,卷积核的宽度,图像通道数,卷积核个数],要求类型与参数input相同。有一个地方需要注意,第三维 in_channels就是参数input的第四维。
- strides:步进大小,卷积时在图像每一维的步长,这是一个一维向量,第一维和第四维默认为1,而第三维和第四维分别是平行和竖直滑行的步进长度。
- padding:填充方式,string类型的量,只能是'SAME'和'VALID'其中之一。这个值决定了不同的卷积方式。
- activation:激活函数。一般使用relu作为激活函数。

【程序4-2】

```
import tensorflow as tf
input = tf.Variable(tf.random.normal([1, 3, 3, 1]))
conv = tf.keras.layers.Conv2D(1,2)(input)
print(conv)
```

程序 4-2 展示了一个使用 TensorFlow 高级 API 进行卷积计算的例子。在这里随机生成了一个[3,3]大小的矩阵,之后使用一个大小为[2,2]的卷积核对其进行计算,打印结果如图 4.3 所示。

```
tf.Tensor(
[[[[ 0.43207052]
   [ 0.4494554 ]]

  [[-1.5294989 ]
   [ 0.9994287 ]]]], shape=(1, 2, 2, 1), dtype=float32)
```

图 4.3 打印结果

可以看到，卷积对生成的随机数据进行计算，重新生成了一个[1,2,2,1]大小的卷积结果。这是由于卷积在工作时边缘被处理而消失，因此生成的结果小于原有的图像。

有时候需要生成的卷积结果和原输入矩阵的大小一致，需要将参数 padding 的值设为"VALID"，当其为"SAME"时，表示图像边缘将由一圈 0 填充，使得卷积后的图像大小和输入大小一致，示意如下。

00000000000
0xxxxxxxxx0
0xxxxxxxxx0
0xxxxxxxxx0
00000000000

这里的 x 是图片的矩阵信息，外面一圈是填充的 0，而 0 在卷积处理时对最终结果没有任何影响。这里略微对其进行修改，如程序 4-3 所示。

【程序4-3】

```python
import tensorflow as tf
input = tf.Variable(tf.random.normal([1, 5, 5, 1]))          #输入图像大小变化
conv = tf.keras.layers.Conv2D(1,2,padding="SAME")(input)     #卷积核大小
print(conv .shape)
```

这里只打印最终卷积计算的维度大小，结果如下：

```
(1, 5, 5, 1)
```

最终生成了一个[1,5,5,1]大小的结果，这是由于在填充方式上笔者采用了"SAME"的模式。

下面换一个参数：在前面的代码中，stride 的大小使用的是默认值[1,1]，这里把 stride 替换成[2,2]，即步进大小设置成 2。

【程序4-4】

```python
import tensorflow as tf
input = tf.Variable(tf.random.normal([1, 5, 5, 1]))
conv = tf.keras.layers.Conv2D(1,2,strides=[2,2],padding="SAME")(input)
#stride 的大小被替换
print(conv.shape)
```

最终打印结果：

```
(1, 3, 3, 1)
```

可以看到,即使是采用 padding="SAME"模式填充,生成的结果也不再是原输入的大小,维度有了变化。

最后总结一下经过卷积计算后结果图像的大小变化公式:

$$N = (W-F+2P) / S + 1$$

- 输入图片大小为 $W \times W$。
- Filter 大小为 $F \times F$。
- 步长为 S。
- padding 的像素数为 P,一般情况下 $P=1$。

读者可以自行验证。

4.1.3 池化运算

在通过卷积获得了特征(Feature)之后,下一步希望利用这些特征去进行分类。从理论上讲,人们可以用所有提取到的特征去训练分类器,例如 softmax 分类器,但这样做会面临计算量的挑战。例如,对于一个 96×96 像素的图像,假设已经学习得到了 400 个定义在 8×8 输入上的特征,每一个特征和图像卷积都会得到一个(96-8+1)×(96-8+1)=7921 维的卷积特征,由于有 400 个特征,因此每个样例(Example)都会得到一个 892×400=3168400 维的卷积特征向量。学习一个拥有超过三百万特征输入的分类器十分不便,并且容易出现过拟合(Over-Fitting)。

这个问题的产生是因为卷积后的图像具有一种"静态性"的属性,这也就意味着在一个图像区域有用的特征极有可能在另一个区域同样适用。因此,为了描述大的图像,一个很自然的想法就是对不同位置的特征进行聚合统计。

例如,特征提取可以计算图像一个区域上的某个特定特征的平均值(或最大值),如图 4.4 所示。这些概要统计特征不仅具有低得多的维度(相比使用所有提取得到的特征),同时还会改善结果(不容易过拟合)。这种聚合的操作就叫作池化(Pooling),有时也称为平均池化或者最大池化(Max-Pooling 取决于计算池化的方法)。

图 4.4 最大池化后的图片

如果选择图像中的连续范围作为池化区域,并且只是池化相同(重复)的隐藏单元产生的特征,那么这些池化单元就具有平移不变性(Translation Invariant)。这就意味着即使图像经历了一个小的平移,之后依然会产生相同的(池化)特征。在很多任务中(例如物体检测、声音识别），我们都更希望得到具有平移不变性的特征，因为即使图像经过了平移，样例（图像）的标记也仍然保持不变。

TensorFlow 中池化运算的函数如下：

```
class MaxPool2D (Pooling2D):
def __init__(self, pool_size=(2, 2), strides=None,
             padding='valid', data_format=None, **kwargs):
```

重要的参数为：

- pool_size：池化窗口的大小，默认大小一般是[2, 2]。
- strides：和卷积类似，窗口在每一个维度上滑动的步长，默认大小一般是[2,2]。
- padding：和卷积类似，可以取'VALID'或者'SAME'，返回一个Tensor，类型不变，shape仍然是[batch, height, width, channels]这种形式。

池化非常重要的一个作用就是能够帮助输入的数据表示近似不变性。平移不变性指的是对输入的数据进行少量平移时，经过池化后的输出结果并不会发生改变。局部平移不变性是一个很有用的性质，尤其是当关心某个特征是否出现而不关心它出现的具体位置时。

例如，当判定一幅图像中是否包含人脸时，并不需要判定眼睛的位置，只需要知道有一只眼睛出现在脸部的左侧、另一只眼睛出现在右侧就可以了。

4.1.4 softmax 激活函数

softmax 函数在前面已经做过介绍，并且笔者使用 NumPy 自定义实现了 softmax 的功能和函数。softmax 是一个对概率进行计算的模型，因为在真实的计算模型系统中对一个实物的判定并不是 100%，而是只有一定的概率，并且在所有的结果标签上都可以求出一个概率。

$$f(x) = \sum_{i}^{j} w_{ij} x_j + b$$

$$\text{soft max} = \frac{e^{x_i}}{\sum_{0}^{j} e^{x_i}}$$

$$y = \text{soft max}(f(x)) = \text{soft max}(w_{ij} x_j + b)$$

其中，第一个公式是人为定义的训练模型，这里采用的是输入数据与权重的乘积和并加上一个偏置 b 的方式。偏置 b 存在的意义是为了加上一定的噪声。

对于求出的 $f(x) = \sum_{i}^{j} w_{ij} x_j + b$，softmax 的作用就是将其转化成概率。换句话说，这里的 softmax 可以被看作是一个激励函数，将计算的模型输出转换为在一定范围内的数值，并且在总体中这些数值的和为 1，而每个单独的数据结果都有其特定的数据结果。

用更为正式的语言表述就是 softmax 是模型函数定义的一种形式：把输入值当成幂指数求值，再正则化这些结果值。这个幂运算表示更大的概率计算结果对应更大的假设模型里面的乘数权重值。反之，拥有更少的概率计算结果意味着在假设模型里面拥有更小的乘数系数。

假设模型里的权值不可以是 0 值或者负值。softmax 会正则化这些权重值，使它们的总和等于 1，以此构造一个有效的概率分布。

对于最终的公式 $y = \text{soft max}(f(x)) = \text{soft max}(w_{ij}x_j + b)$ 来说，可以将其认为是图 4.5 所示的形式。

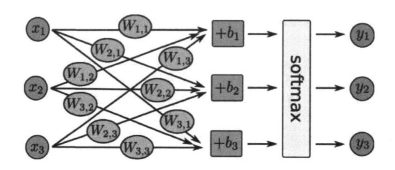

图 4.5　softmax 计算形式

图 4.5 演示了 softmax 的计算公式，实际上就是输入的数据通过与权重的乘积之后对其进行 softmax 计算得到的结果。将其用数学方法表示出来，如图 4.6 所示。

图 4.6　softmax 矩阵表示

将这个计算过程用矩阵的形式表示出来，即矩阵乘法和向量加法，这样有利于使用 TensorFlow 内置的数学公式进行计算，极大地提高了程序效率。

4.1.5　卷积神经网络原理

前面介绍了卷积运算的基本原理和概念，从本质上来说卷积神经网络就是将图像处理中的二维离散卷积运算和神经网络相结合。这种卷积运算可以用于自动提取特征，而卷积神经网络也主要应用于二维图像的识别。下面笔者将采用图示的方法更加直观地介绍卷积神经网络的工作原理。

一个卷积神经网络如果包含一个输入层、一个卷积层、一个输出层，但是在真正使用的时候一般会使用多层卷积神经网络不断地去提取特征，特征越抽象，越有利于识别（分类）。通常，卷积神经网络也包含池化层、全连接层，最后接输出层。

图 4.7 展示了一幅图片进行卷积神经网络处理的过程。其中主要包含 4 个步骤：

- 图像输入：获取输入的数据图像。
- 卷积：对图像特征进行提取。

- Pooling 层：用于缩小在卷积时获取的图像特征。
- 全连接层：用于对图像进行分类。

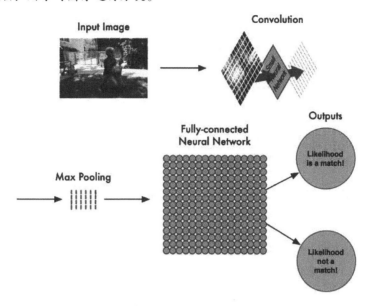

图 4.7　卷积神经网络处理图像的步骤

这几个步骤依次进行，分别具有不同的作用。经过卷积层的图像被分部提取特征后获得分块的、同样大小的图片，如图 4.8 所示。

图 4.8　卷积处理的分解图像

可以看到，经过卷积处理后的图像被分为若干个大小相同、只具有局部特征的图片。图 4.9 表示对分解后的图片使用一个小型神经网络做更进一步的处理，即将二维矩阵转化成一维数组。

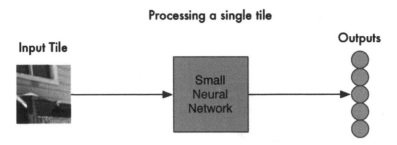

图 4.9　分解后图像的处理

需要说明的是，在这个步骤中，也就是对图片进行卷积化处理时，卷积算法对所有分解后的局部特征进行同样的计算，这个步骤称为"权值共享"。这样做的依据是：

- 对图像等数组数据来说，局部数组的值经常是高度相关的，可以形成容易被探测到的独特的局部特征。
- 图像和其他信号的局部统计特征与其位置是不太相关的，如果特征图能在图片的一个部分出现，就能出现在任何地方。所以不同位置的单元共享同样的权重，并在数组的不同部分探测相同的模式。

数学上，这种由一个特征图执行的过滤操作是一个离散的卷积，卷积神经网络由此得名。

池化层的作用是对获取的图像特征进行缩减。从前面的例子可以看出，使用[2,2]大小的矩阵来处理特征矩阵，可以使得原有的特征矩阵缩减到1/4大小，特征提取的池化效应如图4.10所示。

图 4.10　池化处理后的图像

经过池化处理的图像矩阵作为神经网络的数据输入，使用一个全连接层对输入的所有节点数据进行分类处理（见图4.11），并且计算这个图像所求的所属位置概率最大值。

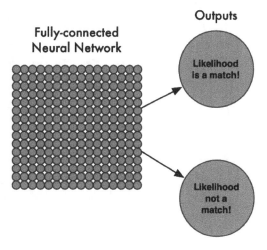

图 4.11　全连接层判断

采用较为通俗的语言来概括，卷积神经网络就是一个层级递增的结构，也可以将其认为是一个人在读报纸，首先一字一句地读取，之后整段地理解，最后获得全文的倾向。卷积神经网络也是从边缘、结构和位置等一起感知物体的形状。

4.2　编程实战：MNIST 手写体识别

下面将带领读者做一个使用卷积神经网络实战的例子，即使用 TensorFlow 进行 MNIST 手写体的识别。

4.2.1　MNIST 数据集

"HelloWorld"是任何一种编程语言入门的基础程序，任何一名同学在开始编程学习时打印的第一句话往往就是"HelloWorld"。前面章节中笔者也带领读者学习和掌握了 TensorFlow 打印出的第一个程序"HelloWorld"。

在深度学习编程中也有其特有的"HelloWorld"，即 MNIST 手写体的识别。相对于上一章单纯地从数据文件中读取数据并加以训练的模型，MNIST 是一个图片数据集，其分类更多、难度更大。

好奇的读者一定有一个疑问：MNIST 究竟是什么？

实际上 MNIST 是一个手写数字的数据库，它有 60000 个训练样本集和 10000 个测试样本集。打开来看，MNIST 数据集就是图 4.12 所示的样子。

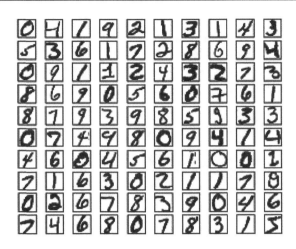

图 4.12　MNIST 文件手写体

可以从 MNIST 数据库官方网址（http://yann.lecun.com/exdb/mnist/）直接下载 train-images-idx3-ubyte.gz、train-labels-idx1-ubyte.gz 等数据集，如图 4.13 所示。

```
Four files are available on this site:

train-images-idx3-ubyte.gz:   training set images (9912422 bytes)
train-labels-idx1-ubyte.gz:   training set labels (28881 bytes)
t10k-images-idx3-ubyte.gz:    test set images (1648877 bytes)
t10k-labels-idx1-ubyte.gz:    test set labels (4542 bytes)
```

图 4.13　MNIST 文件中包含的数据集

下载 4 个文件，解压缩。解压缩后发现这些文件并不是标准的图像格式，也就是一个训练图片集、一个训练标签集、一个测试图片集、一个测试标签集。这些文件是压缩文件，解压出来后是二进制文件。其中，训练图片集的部分内容如图 4.14 所示。

```
0000 0803 0000 ea60 0000 001c 0000 001c
0000 0000 0000 0000 0000 0000 0000 0000
0000 0000 0000 0000 0000 0000 0000 0000
0000 0000 0000 0000 0000 0000 0000 0000
0000 0000 0000 0000 0000 0000 0000 0000
0000 0000 0000 0000 0000 0000 0000 0000
0000 0000 0000 0000 0000 0000 0000 0000
0000 0000 0000 0000 0000 0000 0000 0000
0000 0000 0000 0000 0000 0000 0000 0000
0000 0000 0000 0000 0000 0000 0000 0000
0000 0000 0000 0000 0000 0000 0000 0000
0000 0000 0000 0000 0000 0000 0000 0000
0000 0000 0000 0000 0000 0000 0000 0000
```

图 4.14　MNIST 文件的二进制表示

MNIST 训练集内部的文件结构如图 4.15 所示。

```
TRAINING SET IMAGE FILE (train-images-idx3-ubyte):

[offset] [type]          [value]              [description]
0000     32 bit integer  0x00000803(2051)     magic number
0004     32 bit integer  60000                number of images
0008     32 bit integer  28                   number of rows
0012     32 bit integer  28                   number of columns
0016     unsigned byte   ??                   pixel
0017     unsigned byte   ??                   pixel
........
xxxx     unsigned byte   ??                   pixel
```

图 4.15 MNIST 文件结构图

图 4.15 所示是训练集的文件结构，其中有 60000 个实例。也就是说这个文件里面包含了 60000 个标签内容，每一个标签的值为 0~9 之间的一个数。这里我们先解析每一个属性的含义。首先，该数据是以二进制格式存储的，要以 rb 方式读取；其次，真正的数据只有[value]这一项，其他的[type]等只是用来描述的，并不真正在数据文件里面。

也就是说，在读取真实数据之前，要读取 4 个 32 位的整型数据。由[offset]可以看出真正的 pixel 是从 0016 开始的，一个整型数据 32 位，所以在读取 pixel 之前要读取 4 个 32 位的整型数据，也就是 magic number、number of images、number of rows、number of columns。

继续对图片进行分析。在 MNIST 图片集中，所有的图片都是 28×28 的，也就是每个图片都有 28×28 个像素；在图 4.16 所示 train-images-idx3-ubyte 文件中偏移量为 0 字节处有一个 4 字节的数为 0000 0803，表示魔数；接下来是 0000 ea60，值为 60000，代表容量；从第 8 个字节开始有一个 4 字节数，值为 28，也就是 0000 001c，表示每个图片的行数；从第 12 个字节开始有一个 4 字节数，值为 28，也就是 0000 001c，表示每个图片的列数；从第 16 个字节开始才是像素值。

这里每 784 个字节代表一幅图片。

图 4.16 每个手写体被分成 28×28 个像素

4.2.2 MNIST 数据集特征和标签

前面已经通过一个简单的 iris 数据集的例子实现了对 3 个类别的分类问题。现在加大难度，尝试使用 TensorFlow 去预测 10 个分类。实际上难度并不大，如果读者已经掌握了前面的 3 分类的程序编写，那么这个就不在话下。

首先是对数据库的获取。读者可以通过前面的地址下载正式的 MNIST 数据集，然而 TensorFlow 2.2 中，集成的 Keras 高级 API 带有已经处理成 npy 格式的 MNIST 数据集，可以对其进行载入和计算。

```
mnist = tf.keras.datasets.mnist
(x_train, y_train), (x_test, y_test) = mnist.load_data()
```

这里 Keras 能够自动连接互联网下载所需要的 MNIST 数据集，最终下载的是 npz 格式的数据集 mnist.npz。

无法连接下载数据的话，本书自带的代码库中提供了对应的 mnist.npz 数据的副本，只要将其复制到目标位置，之后在 load_data 函数中提供绝对地址即可，代码如下：

```
(x_train, y_train), (x_test, y_test) =
mnist.load_data(path='C:/Users/wang_xiaohua/Desktop/TF2.2/dataset/mnist.npz')
```

需要注意的是，这里输入的是数据集的绝对地址。load_data 函数会根据输入的地址将数据进行处理，并自动将其分解成训练集和验证集。打印训练集的维度如下：

```
(60000, 28, 28)
(60000,)
```

这里使用 Keras 自带的 API 进行数据处理的第一个步骤，有兴趣的读者可以自行完成数据读取和切分的代码。

在上面的代码段中，load_data 函数可以按既定的格式读取出来。与 iris 数据库一样，每个 MNIST 实例数据单元也是由 2 部分构成的：一幅包含手写数字的图片和一个与其相对应的标签。可以将其中的标签特征设置成"y"，而图片特征矩阵以"x"来代替，所有的训练集和测试集中都包含 x 和 y。

图 4.17 用更为一般化的形式解释了 MNIST 数据实例的展开形式。在这里，图片数据被展开成矩阵的形式，矩阵的大小为 28×28。至于如何处理这个矩阵，常用的方法是将其展开，而展开的方式和顺序并不重要，只需要将其按同样的方式展开即可。

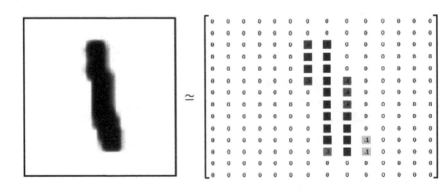

图 4.17　图片转换为向量模式

下面回到对数据的读取。前面介绍了过 MNIST 数据集实际上就是一个包含着 60000 张图片的 60000×28×28 大小的矩阵张量[60000,28,28]，如图 4.18 所示。

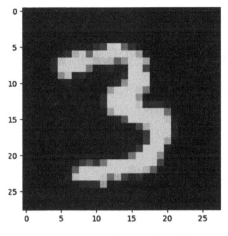

图 4.18　MNIST 数据集的矩阵表示

矩阵中的行数指的是图片的索引，用以对图片进行提取。后面的 28×28 个向量用以对图片特征进行标注。实际上，这些特征向量就是图片中的像素点，每张手写图片是[28,28]的大小，每个像素转化为 0~1 之间的一个浮点数，构成矩阵。

如同前面的例子，每个实例的标签对应于 0~9 之间的任意一个数字，用以对图片进行标注。需要注意的是，对于提取出来的 MNIST 的特征值，默认使用一个 0~9 之间的数值进行标注，但是这种标注方法并不能使损失函数获得一个好的结果，因此常用的是独热编码计算方法，即将值具体落在某个标注区间中。

独热编码的标注方法请读者自行学习掌握。这里笔者主要介绍将单一序列转化成独热编码的方法。一般情况下，TensorFlow 也自带了转化函数，即 tf.one_hot 函数，但是这个转化生成的是 Tensor 格式的数据，因此并不适合直接输入。

如果读者能够自行编写将序列值转化成 one-hot 的函数，那么读者的编程功底真是不错，不过 Keras 已经提供了编写好的转换函数：

```
tf.keras.utils.to_categorical
```

其作用是将一个序列转化成以独热编码形式表示的数据集，格式如图 4.19 所示。

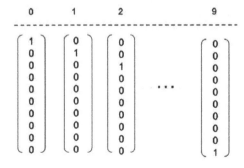

图 4.19　独热编码形式的数据集

对于 MNIST 数据集的标签来说，实际上就是一个 60000 张图片的 60000×10 大小的矩阵张量[60000,10]。前面的行数指的是数据集中图片的个数为 60000 个，后面的 10 指的是 10 个列向量。

4.2.3 TensorFlow 2.2 编程实战：MNIST 数据集

上一节中，笔者对 MNIST 数据做了介绍，描述了其构成方式以及数据的特征和标签的含义等。了解这些都有助于编写适当的程序来对 MNIST 数据集进行分析和识别。下面将一步步地分析和编写代码，以对数据集进行处理。

（1）第一步：数据的获取

对于 MNIST 数据的获取，实际上有很多渠道。读者可以使用 TensorFlow 2.2 自带的数据获取方式获得 MNIST 数据集并进行处理，代码如下：

```
mnist = tf.keras.datasets.mnist
(x_train, y_train), (x_test, y_test) = mnist.load_data()
(
x_train, y_train), (x_test, y_test)     #下载 MNIST.npy 文件要注明绝对地址
= mnist.load_data(path='C:/Users/wang_xiaohua/Desktop/TF2.2/dataset/mnist.npz')
```

实际上，对于 TensorFlow 来说，它提供了常用的 API 并收集整理了一些数据集，为模型的编写和验证带来了最大限度的方便。

不过，对于软件自带的 API 和自己实现的 API，选择哪个呢？选择自带的 API！除非我们能肯定自带的 API 不适合我们的代码。因为大多数自带的 API 在底层都会做一定程度的优化，调用不同的库包去最大效率地实现功能，因此即使自己的 API 与其功能一样，内部实现也是有所不同的。请牢记"不要重复造轮子"。

（2）第二步：数据的处理

可以参考 iris 数据的处理方式进行处理，即首先将 label 进行独热编码处理，之后使用 TensorFlow 自带的 data API 进行打包，方便地组合成 train 与 label 的配对数据集。

```
x_train = tf.expand_dims(x_train,-1)
y_train = np.float32(tf.keras.utils.to_categorical(y_train,num_classes=10))
x_test = tf.expand_dims(x_test,-1)
y_test = np.float32(tf.keras.utils.to_categorical(y_test,num_classes=10))
bacth_size = 512
train_dataset = tf.data.Dataset.from_tensor_slices((x_train,y_train)).batch(bacth_size).shuffle(bacth_size * 10)
test_dataset = tf.data.Dataset.from_tensor_slices((x_test,y_test)).batch(bacth_size)
```

需要注意的是，在数据被读出后，x_train 与 x_test 分别是训练集与测试集的数据特征部分，其是两个维度为[x,28,28]大小的矩阵，但是在 4.1 节中介绍卷积计算时，卷积的输入是一个 4 维的数据，还需要一个"通道"的标注，因此对其使用 tf 的扩展函数，修改了维度的表示方式。

（3）第三步：模型的确定与各模块的编写

对于使用深度学习构建一个分辨 MNIST 的模型来说，最简单、最常用的方法是建立一个基于卷积神经网络+分类层的模型，解构如图 4.20 所示。

图 4.20　基于卷积神经网络+分类层的模型

一个简单的卷积神经网络模型是由卷积层、池化层、dropout 层（随机失活层）以及作为分类的全连接层构成的，同时每一层之间使用 relu 激活函数进行分割，batch_normalization 作为正则化的工具也被作为各个层之间的连接而使用。

模型代码如下：

```
input_xs = tf.keras.Input([28,28,1])
conv = tf.keras.layers.Conv2D(32,3,padding="SAME",activation=tf.nn.relu)(input_xs)
conv = tf.keras.layers.BatchNormalization()(conv)
conv = tf.keras.layers.Conv2D(64,3,padding="SAME",activation=tf.nn.relu)(conv)
conv = tf.keras.layers.MaxPool2D(strides=[1,1])(conv)
conv = tf.keras.layers.Conv2D(128,3,padding="SAME",activation=tf.nn.relu)(conv)
flat = tf.keras.layers.Flatten()(conv)
dense = tf.keras.layers.Dense(512, activation=tf.nn.relu)(flat)
logits = tf.keras.layers.Dense(10, activation=tf.nn.softmax)(dense)
model = tf.keras.Model(inputs=input_xs, outputs=logits)
print(model.summary())
```

下面分步进行解释。

（1）输入的初始化

输入的初始化使用的是 Input 类，这里根据输入的数据大小将输入的数据维度做成 [28,28,1]，其中的 batch_size 不需要设置，TensorFlow 会在后台自行推断。

```
input_xs = tf.keras.Input([28,28,1])
```

（2）卷积层

TensorFlow 中自带了卷积层实现类对卷积的计算，这里首先创建了一个类，通过设定卷积核数据、卷积核大小、padding 方式和激活函数初始化了整个卷积类。

```
conv = tf.keras.layers.Conv2D(32,3,padding="SAME",activation=tf.nn.relu)
```

```
(input_xs)
```

TensorFlow 中卷积层的定义在绝大多数情况下直接调用给定的实现好的卷积类即可。顺便说一句，卷积核大小等于 3 的话，TensorFlow 中会专门给予优化，原因会在下一章揭晓。现在只需要牢记卷积类的初始化和卷积层的使用即可。

（3）BatchNormalization 和 Maxpool 层

Batch_normalization 和 Maxpool 层的目的是输入数据正则化，最大限度地减少模型的过拟合和增大模型的泛化能力。对于 Batch_normalization 和 Maxpool 的实现，读者可以自行参考模型代码的写法去实现，有兴趣的读者可以更深一步地学习其相关的理论，本书就不再过多介绍了。

```
conv = tf.keras.layers.BatchNormalization()(conv)
    …
conv = tf.keras.layers.MaxPool2D(strides=[1,1])(conv)
```

（4）起分类作用的全连接层

全连接层的作用是对卷积层所提取的特征做最终分类。这里我们首先使用 flat 函数将提取计算后的特征值平整化，之后的 2 个全连接层起到特征提取和分类的作用，最终做出分类。

```
dense = tf.keras.layers.Dense(512, activation=tf.nn.relu)(flat)
logits = tf.keras.layers.Dense(10, activation=tf.nn.softmax)(dense)
```

同样使用 TensorFlow 对模型进行打印，可以将所涉及的各个层级都打印出来，如图 4.21 所示。

```
Model: "model"
_____
Layer (type)                 Output Shape              Param #
=================================================================
input_1 (InputLayer)         [(None, 28, 28, 1)]       0
conv2d (Conv2D)              (None, 28, 28, 32)        320
batch_normalization (BatchNo (None, 28, 28, 32)        128
conv2d_1 (Conv2D)            (None, 28, 28, 64)        18496
max_pooling2d (MaxPooling2D) (None, 27, 27, 64)        0
conv2d_2 (Conv2D)            (None, 27, 27, 128)       73856
flatten (Flatten)            (None, 93312)             0
dense (Dense)                (None, 512)               47776256
dense_1 (Dense)              (None, 10)                5130
=================================================================
Total params: 47,874,186
Trainable params: 47,874,122
Non-trainable params: 64
```

图 4.21 打印各个层级

可以看到，各个层依次被计算，并且所用的参数也打印出来了。

【程序4-5】

```
import numpy as np
```

# 下面使用 MNIST 数据集
import tensorflow as tf
mnist = tf.keras.datasets.mnist
#这里先调用上面的函数再下载数据包,记得要填上绝对路径
#需要等 TensorFlow 自动下载 MNIST 数据集
(x_train, y_train), (x_test, y_test) = mnist.load_data()
x_train, x_test = x_train / 255.0, x_test / 255.0
x_train = tf.expand_dims(x_train,-1)
y_train = np.float32(tf.keras.utils.to_categorical(y_train,num_classes=10))
x_test = tf.expand_dims(x_test,-1)
y_test = np.float32(tf.keras.utils.to_categorical(y_test,num_classes=10))
#为了 shuffle 数据,单独定义了每个 batch 的大小 batch_size,与下方的 shuffle 对应
bacth_size = 512
train_dataset = tf.data.Dataset.from_tensor_slices((x_train, y_train)).batch(bacth_size).shuffle(bacth_size * 10)
test_dataset = tf.data.Dataset.from_tensor_slices((x_test, y_test)).batch(bacth_size)
input_xs = tf.keras.Input([28,28,1])
conv = tf.keras.layers.Conv2D(32,3,padding="SAME", activation=tf.nn.relu)(input_xs)
conv = tf.keras.layers.BatchNormalization()(conv)
conv = tf.keras.layers.Conv2D(64,3,padding="SAME", activation=tf.nn.relu)(conv)
conv = tf.keras.layers.MaxPool2D(strides=[1,1])(conv)
conv = tf.keras.layers.Conv2D(128,3,padding="SAME", activation=tf.nn.relu)(conv)
flat = tf.keras.layers.Flatten()(conv)
dense = tf.keras.layers.Dense(512, activation=tf.nn.relu)(flat)
logits = tf.keras.layers.Dense(10, activation=tf.nn.softmax)(dense)
model = tf.keras.Model(inputs=input_xs, outputs=logits)

model.compile(optimizer=tf.optimizers.Adam(1e-3), loss=tf.losses.categorical_crossentropy,metrics = ['accuracy'])
model.fit(train_dataset, epochs=10)
model.save("./saver/model.h5")
score = model.evaluate(test_dataset)
print("last score:",score)
```

最终打印结果如图 4.22 所示。
```

```
 1/20 [>.............................] - ETA: 2s - loss: 0.0461 - accuracy: 0.9844
 3/20 [===>..........................] - ETA: 1s - loss: 0.0815 - accuracy: 0.9805
 5/20 [======>.......................] - ETA: 0s - loss: 0.0901 - accuracy: 0.9805
 7/20 [=========>....................] - ETA: 0s - loss: 0.0918 - accuracy: 0.9807
 9/20 [============>.................] - ETA: 0s - loss: 0.0833 - accuracy: 0.9816
11/20 [===============>..............] - ETA: 0s - loss: 0.0765 - accuracy: 0.9828
13/20 [==================>...........] - ETA: 0s - loss: 0.0691 - accuracy: 0.9841
15/20 [=====================>........] - ETA: 0s - loss: 0.0604 - accuracy: 0.9859
17/20 [========================>.....] - ETA: 0s - loss: 0.0539 - accuracy: 0.9874
19/20 [===========================>..] - ETA: 0s - loss: 0.0510 - accuracy: 0.9881
20/20 [==============================] - 1s 47ms/step - loss: 0.0512 - accuracy: 0.9879
last score: [0.051227264245972036, 0.9879]
```

图 4.22　打印结果

可以看到，经过模型的训练，在测试集上最终的准确率达到 0.9879，即 98%以上，而损失率在 0.05 左右。

4.2.4　使用自定义的卷积层实现 MNIST 识别

利用已有的卷积层已经能够较好地达到目标，使得准确率在 0.98 以上。这是一个非常不错的准确率。为了获得更高的准确率，还有没有别的方法能够在这个基础上做更进一步的提高呢？

一个非常简单的思想就是建立 short-cut，即建立数据通路，使得输入的数据和经过卷积计算后的数据连接在一起，从而解决卷积层在层数过多的情况下出现的梯度下降或梯度消失的问题，模型如图 4.23 所示。

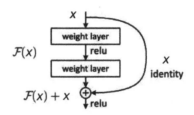

图 4.23　残差网络

这是一个"残差网络"的部分示意图，即将输入的数据经过卷积层计算后与输入数据直接相连，从而建立一个能够保留更多细节内容的卷积结构。

遵循计算 iris 数据集的自定义层级的方法，在继承 Layers 层后，TensorFlow 自定义的一个层级需要实现 3 个函数：init、build 和 call。

（1）第一步：初始化参数

init 的作用是初始化所有的参数，通过分析模型可以得知目前需要定义的参数为卷积核数目和卷积核大小。

```python
class MyLayer(tf.keras.layers.Layer):
    def __init__(self,kernel_size ,filter):
        self.filter = filter
        self.kernel_size = kernel_size
        super(MyLayer, self).__init__()
```

(2）第二步：定义可变参数

模型中参数的定义在 build 中，这里是对所有可变参数的定义，代码如下：

```
def build(self, input_shape):
    self.weight = tf.Variable(tf.random.normal([self.kernel_size,
self.kernel_size,input_shape[-1],self.filter]))
    self.bias = tf.Variable(tf.random.normal([self.filter]))
    super(MyLayer, self).build(input_shape)  # Be sure to call this somewhere!
```

(3）第三步：模型的计算

模型的计算定义在 call 函数中，对于残差网络的简单表示如下：

conv=conv(input)

out=relu(conv)+input

这里分段实现结果，就是将卷积计算后的函数结果经过激活函数后叠加输入值作为输出，代码如下：

```
def call(self, input_tensor):
conv = tf.nn.conv2d(input_tensor, self.weight, strides=[1, 2, 2, 1], padding='SAME')
conv = tf.nn.bias_add(conv, self.bias)
out = tf.nn.relu(conv) + conv
return out
```

全部代码段如下所示：

```
class MyLayer(tf.keras.layers.Layer):
    def __init__(self,kernel_size ,filter):
        self.filter = filter
        self.kernel_size = kernel_size
        super(MyLayer, self).__init__()
    def build(self, input_shape):
        self.weight = tf.Variable(tf.random.normal([self.kernel_size,
self.kernel_size,input_shape[-1],self.filter]))
        self.bias = tf.Variable(tf.random.normal([self.filter]))
        super(MyLayer, self).build(input_shape)  # Be sure to call this somewhere!
    def call(self, input_tensor):
        conv = tf.nn.conv2d(input_tensor, self.weight, strides=[1, 2, 2, 1],
padding='SAME')
        conv = tf.nn.bias_add(conv, self.bias)
        out = tf.nn.relu(conv) + conv
        return out
```

下面代码将自定义的卷积层替换为对应的卷积层。

【程序4-6】

```python
# 下面使用MNIST数据集
import numpy as np
import tensorflow as tf
mnist = tf.keras.datasets.mnist
# 这里先调用上面的函数再下载数据包
(x_train, y_train), (x_test, y_test) = mnist.load_data()
x_train, x_test = x_train / 255.0, x_test / 255.0
x_train = tf.expand_dims(x_train,-1)
y_train = np.float32(tf.keras.utils.to_categorical(y_train,num_classes=10))
x_test = tf.expand_dims(x_test,-1)
y_test = np.float32(tf.keras.utils.to_categorical(y_test,num_classes=10))
bacth_size = 512
train_dataset = tf.data.Dataset.from_tensor_slices((x_train,y_train)).batch(bacth_size).shuffle(bacth_size * 10)
test_dataset = tf.data.Dataset.from_tensor_slices((x_test,y_test)).batch(bacth_size)

class MyLayer(tf.keras.layers.Layer):
    def __init__(self,kernel_size=32, filter=3):
        super(MyLayer, self).__init__()
        self.filter = filter
        self.kernel_size = kernel_size
    def build(self, input_shape):
        self.weight = tf.Variable(tf.random.normal([self.kernel_size,self.kernel_size,input_shape[-1],self.filter]),name="myweight")
        self.bias = tf.Variable(tf.random.normal([self.filter]),name="mybias")
        super(MyLayer, self).build(input_shape)  # Be sure to call this somewhere!
    def call(self, input_tensor):
        conv = tf.nn.conv2d(input_tensor, self.weight, strides=[1, 2, 2, 1], padding='SAME',name="myconv")
        conv = tf.nn.bias_add(conv, self.bias)
        out = tf.nn.relu(conv) + conv
        return out

input_xs = tf.keras.Input([28,28,1])
conv = tf.keras.layers.Conv2D(32,3,padding="SAME",activation=tf.nn.relu)(input_xs)
#使用自定义的层替换TensorFlow的卷积层
conv = MyLayer(32,3)(conv)
conv = tf.keras.layers.BatchNormalization()(conv)
flat = tf.keras.layers.Flatten()(conv)
```

```
    dense = tf.keras.layers.Dense(512, activation=tf.nn.relu)(flat)
    logits = tf.keras.layers.Dense(10, activation=tf.nn.softmax)(dense)
    model = tf.keras.Model(inputs=input_xs, outputs=logits)
    print(model.summary())
    model.compile(optimizer=tf.optimizers.Adam(1e-3),
loss=tf.losses.categorical_crossentropy,metrics = ['accuracy'])
    model.fit(train_dataset, epochs=10)
    model.save("./saver/model.h5")
    score = model.evaluate(test_dataset)
```

最终结果打印如图 4.24 所示。

```
11/20 [==============>...........] - ETA: 0s - loss: 0.0771 - accuracy: 0.9903
12/20 [===============>..........] - ETA: 0s - loss: 0.0755 - accuracy: 0.9905
13/20 [================>.........] - ETA: 0s - loss: 0.0732 - accuracy: 0.9914
14/20 [=================>........] - ETA: 0s - loss: 0.0695 - accuracy: 0.9924
15/20 [==================>.......] - ETA: 0s - loss: 0.0653 - accuracy: 0.9935
16/20 [===================>......] - ETA: 0s - loss: 0.0614 - accuracy: 0.9944
17/20 [====================>.....] - ETA: 0s - loss: 0.0580 - accuracy: 0.9948
18/20 [=====================>....] - ETA: 0s - loss: 0.0511 - accuracy: 0.9952
19/20 [======================>...] - ETA: 0s - loss: 0.0471 - accuracy: 0.9955
20/20 [=========================] - 3s 137ms/step - loss: 0.0405 - accuracy: 0.9913
last score: [0.04711936466246843, 0.9913]
```

图 4.24　打印结果

4.3　本章小结

本章主要介绍了如何使用卷积对 MNIST 数据集做识别。这是一个入门案例，但是包含的内容非常多，例如使用多种不同的层和类构建一个较为复杂的卷积神经网络。同时，也向读者介绍了部分类和层的使用，不仅仅是卷积神经网络。

本章自定义了一个新的卷积层：残差卷积。这是非常重要的内容，希望读者尽快熟悉和掌握 TensorFlow 2.2 中自定义层的写法和用法。

第 5 章

多层感知机与 MNIST 实战

前面的章节，笔者主要带领读者学会使用 Keras 完成一些简单的工程，目的是向读者介绍使用 Keras 进行深度学习程序设计时需要掌握哪些 API。当然也向读者介绍了两个非常重要的深度学习结构——卷积和全连接层。

本章将介绍剩余的一些常用部件，如激活函数、损失函数，以及在此基础上实现的多层感知机。这是一个较为简单的深度学习模型，会用到基本上所有的构建，笔者借此对各个部件进行介绍。

5.1 一个简单的多层感知机

通过第 1、2 章的介绍，我们已经很清楚，深度学习主要就是关注多层模型。如何实现多层模型则是本节的内容。

5.1.1 多层感知机的原理与实现

多层感知机（Multilayer Perceptron，MLP）也叫人工神经网络（Artificial Neural Network，ANN），除了输入输出层，中间可以有多个隐藏层，最简单的 MLP 只含一个隐藏层，即三层的结构，如图 5.1 所示。

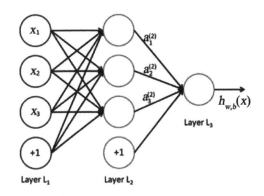

图 5.1 多层感知机

从图 5.1 可以看出，多层感知机层与层之间是全连接的。多层感知机的最底层是输入层，中间是隐藏层，最后是输出层。

隐藏层的神经元是怎么得来的？首先它与输入层是全连接的，也就是使用了第 2 章介绍的全连接层作为隐藏层的神经元的计算方法。这里笔者并不多做介绍，读者可以参考第 2 章的内容完成。

一个使用多层感知机计算 MNIST 分类的代码如下所示（注意程序 5-1 的代码并不正确，笔者只是为了演示一些深度学习部件故意而为）：

【程序5-1】

```
import tensorflow as tf
import numpy as np

mnist = tf.keras.datasets.mnist
(x_train, y_train), (x_test, y_test) = mnist.load_data()
x_train = x_train / 255.
x_test = x_test / 255.

y_train = tf.one_hot(y_train, depth=10)
y_test = tf.one_hot(y_test, depth=10)
mnist_train_dataset = tf.data.Dataset.from_tensor_slices((x_train, y_train)).shuffle(217).batch(32)
mnist_test_dataset = tf.data.Dataset.from_tensor_slices((x_test, y_test)).shuffle(217).batch(32)

class MLP:
    def __init__(self):

        self.dense_mlp = tf.keras.layers.Dense(256)
        self.dense_last = tf.keras.layers.Dense(10)

    def __call__(self, inputs):
        train_inputs = inputs
```

```
                train_embedding = tf.reshape(train_inputs, [-1, 784])
                embedding = self.dense_mlp(train_embedding)
                logits = self.dense_last(embedding)
                return logits

        train_inputs = tf.keras.Input(shape=(28, 28))
        logits = MLP()(train_inputs)
        model = tf.keras.Model(train_inputs, logits)

        model.compile("SGD", loss="categorical_crossentropy", metrics=["accuracy"])
        model.fit(mnist_train_dataset, epochs=10,
validation_data=mnist_test_dataset)
```

代码比较简单，直接调用了 MNIST 数据集，之后定义了一个 MLP 类，这是多层感知机的主要模型结构。

在 MLP 类的 init 函数中定义了 2 个全连接层：一个被称为隐藏层，作用是对输入的特征进行提取；一个是 dense_last，用作输出层，其目的是对输出进行分类。

简单地介绍完多层感知机模型，运行代码进行测试，结果如图 5.2 所示。

```
1875/1875 [==============================] - 4s 2ms/step - loss: 11.3831 - accuracy: 0.0995 - val_loss: 11.4262 - val_accuracy: 0.1008
Epoch 6/10
1875/1875 [==============================] - 4s 2ms/step - loss: 11.4223 - accuracy: 0.0996 - val_loss: 11.3762 - val_accuracy: 0.1008
Epoch 7/10
1875/1875 [==============================] - 4s 2ms/step - loss: 11.4333 - accuracy: 0.0996 - val_loss: 11.3585 - val_accuracy: 0.1009
Epoch 8/10
1875/1875 [==============================] - 4s 2ms/step - loss: 11.4803 - accuracy: 0.0996 - val_loss: 11.4648 - val_accuracy: 0.1009
Epoch 9/10
1875/1875 [==============================] - 4s 2ms/step - loss: 11.5268 - accuracy: 0.0996 - val_loss: 11.4648 - val_accuracy: 0.1009
Epoch 10/10
1875/1875 [==============================] - 4s 2ms/step - loss: 11.5268 - accuracy: 0.0996 - val_loss: 11.4648 - val_accuracy: 0.1009
```

图 5.2　多层感知机的运行结果

按照程序 5-1 的深度学习运行模型，从其结果来看完全是随机的判定结果（10 个类别，随机结果），并不存在任何训练成功的迹象。

下面通过图 5.3 对过程进行分析。

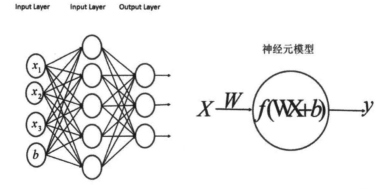

图 5.3　多层感知机运行过程

图 5.3 右侧是单层隐藏层的计算公式，可以看到这里的隐藏层计算实际上是一个线性公式，即：

$$y = f(wx+b)$$

不妨设想一下，随着隐藏层的加深，依次叠加线性计算公式。实际上连续的线性公式叠加只是一个线性计算公式的另一种表述形式而已，因此这一段代码有两个问题：

- 仅仅依靠线性计算，并不能使用多层感知机进行模型训练。
- 在线性公式上依靠叠加多层，并没有较大的效果。

下面笔者对多层感知机的代码进行修正。

【程序5-2】

```
import tensorflow as tf
import numpy as np

mnist = tf.keras.datasets.mnist
(x_train, y_train), (x_test, y_test) = mnist.load_data()
x_train = x_train / 255.
x_test = x_test / 255.

y_train = tf.one_hot(y_train, depth=10)
y_test = tf.one_hot(y_test, depth=10)
mnist_train_dataset = tf.data.Dataset.from_tensor_slices((x_train,
y_train)).shuffle(217).batch(32)
mnist_test_dataset = tf.data.Dataset.from_tensor_slices((x_test,
y_test)).shuffle(217).batch(32)

class MLP:
    def __init__(self):

            #修正后的隐藏层和输出层
            self.dense_mlp = tf.keras.layers.Dense(256,activation=tf.nn.relu)
            self.dense_last = tf.keras.layers.Dense(10,activation=
tf.nn.softmax)

    def __call__(self, inputs):
        train_inputs = inputs

        train_embedding = tf.reshape(train_inputs, [-1, 784])
        embedding = self.dense_mlp(train_embedding)
        logits = self.dense_last(embedding)
        return logits

train_inputs = tf.keras.Input(shape=(28, 28))
```

```
logits = MLP()(train_inputs)
model = tf.keras.Model(train_inputs, logits)

model.compile("SGD", loss="categorical_crossentropy", metrics=["accuracy"])
model.fit(mnist_train_dataset, epochs=10,
validation_data=mnist_test_dataset)
```

程序 5-2 中对定义的隐藏层和输出层做了修正，其中 activation 是激活函数的意思，显式地明确了各个层的激活函数。最终结果请读者自行测试完成。

5.1.2 多层感知机的激活函数

经过程序 5-1 和程序 5-2 的对比，相信读者对激活函数的概念和作用有了一个大概的了解。通过分析可以得知，无论是隐藏层还是输出层，实质上都是对输入进行一次线性的仿射变换，而多个线性变换的结果还是一个线性变换。为了打破这种叠加的变换，需要一个外部的破坏，这个被称为激活函数。

此时隐藏层的计算公式变为：

$$y=\varphi(wx+b)$$

而其中这个 φ 是激活函数。

- 不使用激活函数，每一层输出都是上层输入的线性函数，无论神经网络有多少层，输出都是输入的线性组合。
- 使用激活函数，能够给神经元引入非线性因素，使得神经网络可以任意逼近任何非线性函数，这样神经网络就可以利用到更多的非线性模型中。

对于激活函数的证明这里不做介绍，下面介绍几种常用的激活函数。一般而言，早期研究神经网络主要采用 sigmoid 函数或 tanh 函数，因为输出有界，很容易充当下一层的输入。近些年 relu 函数及其改进型（如 Leaky-ReLU、P-ReLU、R-ReLU 等）在多层神经网络中应用比较多。

1. sigmoid函数

sigmoid 是常用的非线性的激活函数，它的数学形式如下：

$$f(x)=\frac{1}{1+e^{-z}}$$

sigmoid 的几何图形如图 5.4 所示。

它能够把输入的连续实值变换为 0 和 1 之间的输出，特别的，如果是非常大的负数，那么输出就是 0；如果是非常大的正数，输出就是 1。

近年来，使用它的人越来越少。第 3 章已经说过，这里不再赘述。

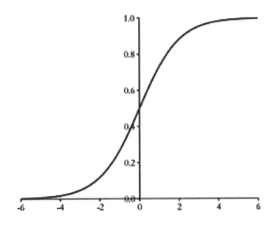

图 5.4　sigmoid 的几何图形

2．tanh函数

tanh 函数的解析式为：

$$\tanh(x) = \frac{e^x - e^{x-1}}{e^x + e^{x-1}}$$

tanh 函数的几何图形如图 5.5 所示。

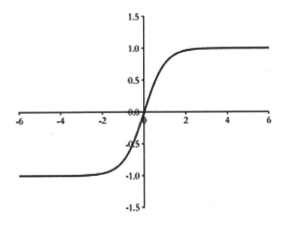

图 5.5　tanh 函数的几何图形

3．relu函数

relu 函数的解析式为：

$$\text{relu}(x) = \max(0, x)$$

relu 函数的几何图形如图 5.6 所示。

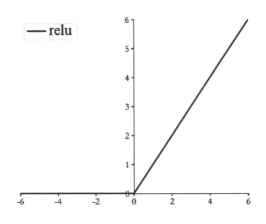

图 5.6　relu 函数的几何图像

relu 函数其实就是一个取最大值的函数，注意并不是处处可导的，但是可以通过截断解决这个问题，如图 5.6 的 x 轴负向所示。relu 虽简单，却近几年的重要成果，有以下两大优点：

- 计算速度非常快，只需要判断输入是否大于0。
- 收敛速度远快于sigmoid和tanh。

5.2　消除过拟合——正则化与 dropout

除了激活函数之外，深度学习另外两个重要的组件是正则化和 dropout（随机失活）。有的读者可能是第一次听到这两个名词，下面笔者从功能上对这两个组件进行解释。

在训练过程中，深度学习模型往往使用大量参数，理论上会将数据的映射形式全部学会，而这个"全部学会"往往也包含着噪声信息。这个把噪声信息也学会的形式称为过拟合（Over-Fitting）。

过拟合是在模型参数拟合过程中的问题，由于训练数据包含抽样误差，因此训练时复杂的模型也会将抽样误差考虑在内，并进行很好的拟合。深度学习拟合出的模型是用以预测未知结果的，即不存在数据集中的那部分数据，过拟合的模型虽然在数据集上效果很好，但是在实际使用时效果很差。

一般认为过拟合是由于学习太彻底，这可能是训练数据量太少的缘故。增大数据的训练量，训练数据要足够大才能使得数据中的特征被模型学习到;并且要清洗数据，尽量减少数据中的噪声，以防止这些噪声被模型学习到。图 5.7 是过拟合后的模型拟合曲线。

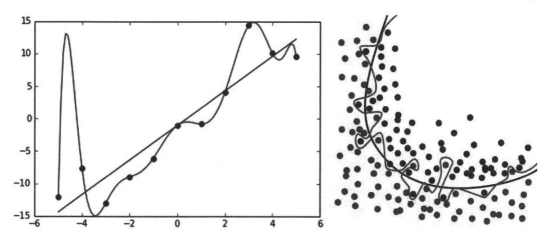

图 5.7　过拟合后的模型拟合曲线

过拟合产生的原因并不能够简单地说明清楚，这里就不展开讨论了。我们这里所讨论的是消除过拟合的方法——正则化与 dropout。

5.2.1　正则化与 dropout 概述

正则化的意思是对深度学习中的模型参数进行修正。参数太多，会导致深度学习模型复杂度上升，容易过拟合，也就是训练误差会很小。正则化是通过引入额外新信息来解决机器学习中过拟合问题的一种方法。这种额外信息通常是模型复杂性带来的惩罚度。正则化可以保持模型简单。另外，规则项的使用还可以约束模型的特性。

正则化分为 L1 正则和 L2 正则，主要思想是将权值的大小加入计算的损失误差里，在训练的时候限制权值变大。以 L2 正则为例：

$$C = C_0 + \frac{1}{2n} \sum w_j^2$$

训练过程需要降低整体的损失误差，既能降低实际输出与样本之间的误差，也能降低权值大小。

在 Keras 中使用正则化较为简便，其提供了专门供正则化使用的参数，读者可以直接在代码段中调用，使用方法如下：

```
tf.keras.layers.Dense(256, activation=tf.nn.relu,kernel_regularizer=
tf.keras.regularizers.l2(1e-4)
```

除此之外，还可以使用 L1 正则和 L1_L2 混合正则的方法对参数进行处理，请读者自行完成。

dropout 可以认为是另一种正则化的方法。在 2012 年，Hinton 在其论文 *Improving neural networks by preventing co-adaptation of feature detectors* 中提出 dropout。当一个复杂的前馈神经网络在使用小的数据集训练时容易造成过拟合，为了防止过拟合，可以通过阻止特征检测器的共同作用来提高神经网络的性能。也就是说，在训练过程中，人为地间歇性阻断部分节点的联结(这正是 dropout 被称为"随机失活"的原因之一),从而提高模型的拟合能力。图 5.8 为 dropout 的可视化表示,左边是应用 dropout 之前的网络,右边是应用了 dropout 之后的同一个网络。

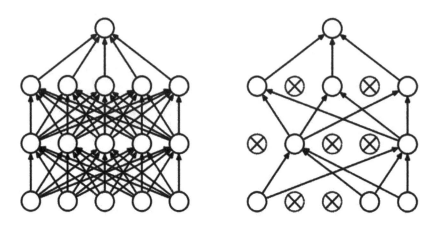

图 5.8 dropout 部分参数

Keras 中对 dropout 的支持很简单,直接使用一个 API 进行替代,代码如下:

```
tf.keras.layers.Dropout(drop_rate)
```

其中的 drop_rate 是一个参数设置,定义对应的下一层连接中需要截断的节点的比例。

5.2.2 使用防过拟合处理的多层感知机

无论是正则化还是 dropout,其实际作用都是防止模型在训练时过于"自信",将不该学习到的"噪声信息"也一并学习,这对后期的验证或使用模型对数据进行训练都是非常不好的。下面来看一个例子。

【程序5-3】

```
import tensorflow as tf

mnist = tf.keras.datasets.mnist
(x_train, y_train), (x_test, y_test) = mnist.load_data()
x_train = x_train / 255.
x_test = x_test / 255.

y_train = tf.one_hot(y_train, depth=10)
y_test = tf.one_hot(y_test, depth=10)
mnist_train_dataset = tf.data.Dataset.from_tensor_slices((x_train,
y_train)).shuffle(217).batch(32)
    mnist_test_dataset = tf.data.Dataset.from_tensor_slices((x_test,
y_test)).shuffle(217).batch(32)
```

```python
class MLP:
    def __init__(self):
        # 修正后的隐藏层和输出层，隐藏层带有正则化表示
        self.dense_mlp = tf.keras.layers.Dense(256, activation=
tf.nn.relu,kernel_regularizer=tf.keras.regularizers.L1(1e-4))
        self.dense_last = tf.keras.layers.Dense(10, activation=tf.nn.softmax)

    def __call__(self, inputs):
        train_inputs = inputs

        train_embedding = tf.reshape(train_inputs, [-1, 784])
        embedding = self.dense_mlp(train_embedding)
        # 添加了dropout层
        embedding = tf.keras.layers.Dropout(0.17)(embedding)
        logits = self.dense_last(embedding)
        return logits


train_inputs = tf.keras.Input(shape=(28, 28))
logits = MLP()(train_inputs)
model = tf.keras.Model(train_inputs, logits)

model.compile("SGD", loss="categorical_crossentropy", metrics=["accuracy"])
model.fit(mnist_train_dataset, epochs=10,
validation_data=mnist_test_dataset)
```

程序 5-3 使用 L1 正则化对隐藏层进行正则化计算，计算过程中笔者使用 dropout 层对连接节点进行处理。输出结果如图 5.9 所示。

```
1875/1875 [==============================] - 3s 2ms/step - loss: 1.4076 - accuracy: 0.8273 - val_loss: 1.0839 - val_accuracy: 0.9046
Epoch 2/10
1875/1875 [==============================] - 3s 2ms/step - loss: 1.0738 - accuracy: 0.8988 - val_loss: 0.9858 - val_accuracy: 0.9221
Epoch 3/10
1875/1875 [==============================] - 3s 2ms/step - loss: 0.9857 - accuracy: 0.9151 - val_loss: 0.9190 - val_accuracy: 0.9304
Epoch 4/10
1875/1875 [==============================] - 3s 2ms/step - loss: 0.9203 - accuracy: 0.9245 - val_loss: 0.8645 - val_accuracy: 0.9364
Epoch 5/10
1875/1875 [==============================] - 3s 2ms/step - loss: 0.8640 - accuracy: 0.9324 - val_loss: 0.8155 - val_accuracy: 0.9409
Epoch 6/10
1875/1875 [==============================] - 3s 2ms/step - loss: 0.8151 - accuracy: 0.9382 - val_loss: 0.7710 - val_accuracy: 0.9461
Epoch 7/10
1875/1875 [==============================] - 3s 2ms/step - loss: 0.7718 - accuracy: 0.9426 - val_loss: 0.7305 - val_accuracy: 0.9506
Epoch 8/10
1875/1875 [==============================] - 3s 2ms/step - loss: 0.7314 - accuracy: 0.9462 - val_loss: 0.6933 - val_accuracy: 0.9534
Epoch 9/10
1875/1875 [==============================] - 3s 2ms/step - loss: 0.6934 - accuracy: 0.9497 - val_loss: 0.6578 - val_accuracy: 0.9548
Epoch 10/10
1875/1875 [==============================] - 3s 2ms/step - loss: 0.6585 - accuracy: 0.9523 - val_loss: 0.6254 - val_accuracy: 0.9558
```

图 5.9 加入正则化的输出结果

5.2.3 Keras 创建多层感知机的细节问题

在前面的例子中笔者演示了带有正则化和 dropout 处理的多层感知机。下面有几个问题需要读者注意。

1. 多层感知机的层次问题

笔者在演示多层感知机模型时仅仅使用了一个隐藏层，多层感知机可以使用多层，修改后的多层感知机代码段如下：

```
class MLP:
    def __init__(self):
        # 修正后的隐藏层和输出层
        self.dense_mlp_1 = tf.keras.layers.Dense(256, activation=
tf.nn.relu,kernel_regularizer=tf.keras.regularizers.L1(1e-4))
        self.dense_mlp_2 = tf.keras.layers.Dense(128, activation=
tf.nn.relu,kernel_regularizer=tf.keras.regularizers.L2(1e-4))
        self.dense_mlp_3 = tf.keras.layers.Dense(64, activation=
tf.nn.relu,kernel_regularizer=tf.keras.regularizers.L1L2(1e-4))

        self.dense_last = tf.keras.layers.Dense(10, activation=tf.nn.softmax)

    def __call__(self, inputs):
        train_inputs = inputs

        train_embedding = tf.reshape(train_inputs, [-1, 784])
        embedding = self.dense_mlp_1(train_embedding)
        embedding = self.dense_mlp_2(train_embedding)
        embedding = self.dense_mlp_3(train_embedding)
        embedding = tf.keras.layers.Dropout(0.17)(embedding)

        logits = self.dense_last(embedding)
        return logits
```

上述代码使用了 3 个隐藏层，每个隐藏层使用不同的正则化对权重进行计算。有兴趣的读者可以替换上文的完整代码段进行测试。

2. dropout 的一些细节

上述的多层感知机代码段中使用了 3 个隐藏层作为特征提取层，但仅使用了一个 dropout 层（随机失活层）作为节点阶段层，这是否合适呢？

答案是可以的。请读者注意位置，在代码段中笔者将 dropout 放置在输出层，也就是隐藏层的最后，因此可以达到截断下一层节点的作用，同时方向传递梯度时还可以更新所有前部的节点信息。

在每一个隐藏层后加上 dropout 也是可以的，有兴趣的读者可以自行验证。

还有一个重要的内容需要提示，在代码段中，笔者设置了dropout层。这在训练过程中有帮助，但是在预测过程中存在dropout层并不能提高预测效果，反而会因为节点的缺失降低预测效果。

那么是否可以在预测阶段取消dropout呢？答案是可以的，不过对于Keras来说，dropout仅在训练阶段存在，在预测阶段是不存在效果的。对此，读者可以使用代码进行验证，一个简单的方式就是使用同一份训练数据和验证数据进行训练和验证，然后对比结果即可。

5.3 本章小结

本章带领读者完成了一个简单的多层感知机，并向读者介绍了深度学习模型中的三大组件——激活函数、正则化计算和dropout。这些组件都是为了帮助深度学习模型更好地拟合相应函数，并且在不增加计算量的基础上提高性能。

实际上为了提高深度学习模型的性能，还有提前停止、集成学习等。

- 提前停止（Early Stopping）：在验证集误差出现增大之后，提前结束训练，而不是一直等待验证集误差达到最小。提前停止策略十分简单，执行效率高，但需要额外的空间备份参数。
- 集成学习（Bagging）：可以有效地减轻过拟合。集成学习通过平均多个模型的结果来降低模型的方差，不仅能够减小偏差，还能减小方差。

本章只是浅显地介绍了部分提高深度学习性能的方法，无论是在后续的学习过程中还是在真实项目中，提高性能的关键点和方法是多种多样的，这也是深度学习研究和发展的一个方向。

第 6 章

TensorFlow Datasets 和 TensorBoard

训练 TensorFlow 模型的时候，需要先找数据集、下载、装数据集……太麻烦了，比如 MNIST 这种全世界都在用的数据集，能不能一键装载呢？

吴恩达老师说过，公共数据集为机器学习研究这枚火箭提供了动力，但将这些数据集放入机器学习管道就已经够难的了。编写供下载的一次性脚本，准备他们要用的源格式和复杂性不一的数据集，相信这种痛苦每个程序员都有过切身体会。

对于大多数 TensorFlow 初学者来说，选择一个合适的数据集是初始练手时非常重要的。为了帮助初学者方便迅捷地获取合适的数据集，并作为一个标准的评分测试标准，TensorFlow 推出了一个新的功能，叫作 TensorFlow Datasets，可以利用 tf.data 和 NumPy 格式将公共数据集装载到 TensorFlow 里。

当使用 TensorFlow 训练大量深层的神经网络时，使用者希望去跟踪神经网络整个训练过程中的信息，比如迭代的过程中每一层参数是如何变化与分布的，每次循环参数更新后模型在测试集与训练集上的准确率、损失值的变化情况等。如果能在训练的过程中将一些信息加以记录并可视化地表现出来，那么对探索模型会有更深的帮助与理解。

本章着重解决这两个问题，详细介绍 TensorFlow Datasets 和 TensorBoard 的使用。

6.1 TensorFlow Datasets 简介

目前来说，已经有 85 个数据集可以通过 TensorFlow Datasets 装载，读者可以通过打印的方式获取到全部的数据集名称（数据集仍在不停地添加中，显示结果以打印为准）：

```
import tensorflow_datasets as tfds
print(tfds.list_builders())
```

结果如下所示:

```
['abstract_reasoning', 'bair_robot_pushing_small', 'bigearthnet',
'caltech101', 'cats_vs_dogs', 'celeb_a', 'celeb_a_hq', 'chexpert', 'cifar10',
'cifar100', 'cifar10_corrupted', 'clevr', 'cnn_dailymail', 'coco', 'coco2014',
'colorectal_histology', 'colorectal_histology_large',
'curated_breast_imaging_ddsm', 'cycle_gan', 'definite_pronoun_resolution',
'diabetic_retinopathy_detection', 'downsampled_imagenet', 'dsprites', 'dtd',
'dummy_dataset_shared_generator', 'dummy_mnist', 'emnist', 'eurosat',
'fashion_mnist', 'flores', 'glue', 'groove', 'higgs', 'horses_or_humans',
'image_label_folder', 'imagenet2012', 'imagenet2012_corrupted', 'imdb_reviews',
'iris', 'kitti', 'kmnist', 'lm1b', 'lsun', 'mnist', 'mnist_corrupted',
'moving_mnist', 'multi_nli', 'nsynth', 'omniglot', 'open_images_v4',
'oxford_flowers102', 'oxford_iiit_pet', 'para_crawl', 'patch_camelyon',
'pet_finder', 'quickdraw_bitmap', 'resisc45', 'rock_paper_scissors', 'shapes3d',
'smallnorb', 'snli', 'so2sat', 'squad', 'starcraft_video', 'sun397', 'super_glue',
'svhn_cropped', 'ted_hrlr_translate', 'ted_multi_translate', 'tf_flowers',
'titanic', 'trivia_qa', 'uc_merced', 'ucf101', 'voc2007', 'wikipedia',
'wmt14_translate', 'wmt15_translate', 'wmt16_translate', 'wmt17_translate',
'wmt18_translate', 'wmt19_translate', 'wmt_t2t_translate', 'wmt_translate',
'xnli']。
```

可能有读者对这么多的数据集不熟悉,当然笔者也不建议读者一一去查看和测试这些数据集,下面笔者列举 TensorFlow Datasets 较为常用的 6 种类型(29 个)的数据集,分别涉及音频、图像、结构化数据、文本、翻译和视频类数据,如表 6.1 所示。

表 6.1 TensorFlow Datasets 数据集

分类	数据集
音频类	nsynth
图像类	cats_vs_dogs
	celeb_a
	celeb_a_hq
	cifar10
	cifar100
	coco2014
	colorectal_histology
	colorectal_histology_large
	diabetic_retinopathy_detection
	fashion_mnist
	image_label_folder
	imagenet2012
	lsun
	mnist
	omniglot

(续表)

分类	数据集
图像类	open_images_v4
	quickdraw_bitmap
	svhn_cropped
	tf_flowers
结构化数据集	titanic
文本类	imdb_reviews
	lm1b
	squad
翻译类	wmt_translate_ende
	wmt_translate_enfr
视频类	bair_robot_pushing_small
	moving_mnist
	starcraft_video

6.1.1 Datasets 数据集的安装

安装好 TensorFlow 以后，一般 TensorFlow Datasets 是默认安装的。如果读者没有安装 TensorFlow Datasets，可以通过如下代码段进行安装：

```
pip install tensorflow_datasets
```

6.1.2 Datasets 数据集的使用

下面以MNIST 数据集为例，介绍 Datasets 数据集的基本使用情况。MNIST 数据集展示代码如下：

```
import tensorflow as tf
import tensorflow_datasets as tfds
mnist_data = tfds.load("mnist")
mnist_train, mnist_test = mnist_data["train"], mnist_data["test"]
assert isinstance(mnist_train, tf.data.Dataset)
```

这里首先导入 tensorflow_datasets 作为数据的获取接口，之后调用 load 函数获取 mnist 数据集的内容，再按照 train 和 test 数据的不同将其分割成训练集和测试集。运行效果如图 6.1 所示。

第一次下载时，tfds 连接数据的下载点获取数据的下载地址和内容，此时只需静待数据下载完毕即可。打印数据集的维度和一些说明，代码如下：

```
import tensorflow_datasets as tfds
mnist_data = tfds.load("mnist")
mnist_train, mnist_test = mnist_data["train"], mnist_data["test"]
```

```
print(mnist_train)
print(mnist_test)
```

```
  from ._conv import register_converters as _register_converters
Downloading and preparing dataset mnist (11.06 MiB) to C:\Users\xiaohua\tensorflow_datasets\mnist\1.0.0...
Dl Completed...: 0 url [00:00, ? url/s]
Dl Size...: 0 MiB [00:00, ? MiB/s]

Dl Completed...:   0%|          | 0/1 [00:00<?, ? url/s]
Dl Size...: 0 MiB [00:00, ? MiB/s]

Dl Completed...:   0%|          | 0/2 [00:00<?, ? url/s]
Dl Size...: 0 MiB [00:00, ? MiB/s]

Dl Completed...:   0%|          | 0/3 [00:00<?, ? url/s]
Dl Size...: 0 MiB [00:00, ? MiB/s]

Dl Completed...:   0%|          | 0/4 [00:00<?, ? url/s]
Dl Size...: 0 MiB [00:00, ? MiB/s]

Extraction completed...: 0 file [00:00, ? file/s]C:\Anaconda3\lib\site-packages\urllib3\connectionpool.py:858: Insecu
  InsecureRequestWarning)
```

图 6.1　运行效果

根据下载的数据集的具体内容，数据集已经被调整成相应的维度和数据格式，显示结果如图 6.2 所示。

```
WARNING: Logging before flag parsing goes to stderr.
W1026 21:23:09.729100 15344 dataset_builder.py:439] Warning: Setting shuffle_files=True because split=TRAIN and shuffle_f
<_OptionsDataset shapes: {image: (28, 28, 1), label: ()}, types: {image: tf.uint8, label: tf.int64}>
<_OptionsDataset shapes: {image: (28, 28, 1), label: ()}, types: {image: tf.uint8, label: tf.int64}>
```

图 6.2　数据集效果

可以看到，MNIST 数据集中的数据大小是[28,28,1]维度的图片，数据类型是 uint8，而 label 类型为 int64。这里有读者可能会奇怪以前 MNIST 数据集的图片数据很多，这时却只显示了一条数据的类型，实际上当数据集输出结果如上所示时已经将数据集内容下载到本地。

tfds.load 是一种方便的方法，是构建和加载 tf.data.Dataset 最简单的方法。其获取的是一个不同的字典类型的文件，而根据不同的键（Key）获取不同的值（value）。

为了方便那些在程序中需要简单 NumPy 数组的用户，可以使用 tfds.as_numpy 返回一个生成 NumPy 数组记录的生成器 tf.data.Dataset。这允许使用 tf.data 接口构建高性能输入管道。

```
import tensorflow as tf
import tensorflow_datasets as tfds

train_ds = tfds.load("mnist", split=tfds.Split.TRAIN)
train_ds = train_ds.shuffle(1024).batch(128).repeat(5).prefetch(10)
for example in tfds.as_numpy(train_ds):
    numpy_images, numpy_labels = example["image"], example["label"]
```

还可以用 tfds.as_numpy 结合 batch_size=-1 从返回的 tf.Tensor 对象中获取 NumPy 数组中的完整数据集：

```
train_ds = tfds.load("mnist", split=tfds.Split.TRAIN, batch_size=-1)
numpy_ds = tfds.as_numpy(train_ds)
numpy_images, numpy_labels = numpy_ds["image"], numpy_ds["label"]
```

> **注 意**
>
> load 函数中额外添加了一个 split 参数，这里将数据在传入的时候直接进行了分割，按数据的类型分割成 image 和 label 值。

更进一步，如果需要对数据集进行更细致的划分，按配置将其分成训练集、验证集和测试集，代码如下：

```
import tensorflow_datasets as tfds
splits = tfds.Split.TRAIN.subsplit(weighted=[2, 1, 1])
(raw_train, raw_validation, raw_test), metadata = tfds.load('mnist',
split=list(splits),with_info=True, as_supervised=True)
```

这里 tfds.Split.TRAIN.subsplit 函数按传入的权重将其分成训练集占 50%、验证集占 25%、测试集占 25%。

Metadata 属性获取了 MNIST 数据集的基本信息，如图 6.3 所示。

```
tfds.core.DatasetInfo(
    name='mnist',
    version=1.0.0,
    description='The MNIST database of handwritten digits.',
    urls=['https://storage.googleapis.com/cvdf-datasets/mnist/'],
    features=FeaturesDict({
        'image': Image(shape=(28, 28, 1), dtype=tf.uint8),
        'label': ClassLabel(shape=(), dtype=tf.int64, num_classes=10),
    }),
    total_num_examples=70000,
    splits={
        'test': 10000,
        'train': 60000,
    },
    supervised_keys=('image', 'label'),
    citation="""@article{lecun2010mnist,
      title={MNIST handwritten digit database},
      author={LeCun, Yann and Cortes, Corinna and Burges, CJ},
      journal={ATT Labs [Online]. Available: http://yann. lecun. com/exdb/mnist},
      volume={2},
      year={2010}
    }""",
    redistribution_info=,
)
```

图 6.3　MNIST 数据集

这里记录了数据的种类、大小以及对应的格式，请读者自行调阅查看。

6.2　Datasets 数据集的使用——FashionMNIST

FashionMNIST 是一个替代 MNIST 手写数字集的图像数据集。它是由 Zalando（一家德国的时尚科技公司）旗下的研究部门提供的，涵盖了来自 10 种类别的共 7 万个不同商品的正面图片。

FashionMNIST 的大小、格式和训练集/测试集划分与原始的 MNIST 完全一致。60000/10000 的训练测试数据划分（28×28 的灰度图片）如图 6.4 所示。它一般直接用于测试机器学习和深度学习算法性能，且不需要改动任何代码。

图 6.4　FashionMNIST 数据集示例

6.2.1　FashionMNIST 数据集下载与展示

搜索"FashionMNIST"关键字就可以很容易地下载到相应的数据集。同时 TensorFlow 中也自带了相应的 FashionMNIST 数据集，可以通过如下代码将数据集下载到本地，下载过程如图 6.5 所示：

```
import tensorflow_datasets as tfds
dataset,metadata = tfds.load('fashion_mnist',as_supervised=True,
with_info=True)
train_dataset,test_dataset = dataset['train'],dataset['test']
```

首先导入 tensorflow_datasets 库作为下载的辅助库，load()函数中定义了所需要下载的数据集的名称，在这里只需要将其定义成本例中的目标数据库"fashion_mnist"即可。

该函数需要特别注意一个参数 as_supervised，将其设置为 as_supervised=True，这样函数就会返回一个二元组 (input, label)，而不是返回 FeaturesDict，因为二元组的形式更方便理解和使用。接下来，指定 with_info=True，可以得到函数处理的信息，以便加深对数据的理解。

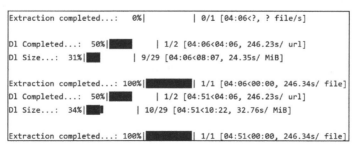

图 6.5　FashionMNIST 数据集下载过程

下面根据下载的数据创建出对应的标签。
标注编号描述：

```
0: T-shirt/top（T恤）
1: Trouser（裤子）
2: Pullover（套衫）
3: Dress（裙子）
4: Coat（外套）
5: Sandal（凉鞋）
6: Shirt（汗衫）
7: Sneaker（运动鞋）
8: Bag（包）
9: Ankle boot（踝靴）
```

下面查看训练样本的个数，代码如下：

```
num_train_examples = metadata.splits['train'].num_examples
num_test_examples = metadata.splits['test'].num_examples
print("训练样本个数:{}".format(num_train_examples))
print("测试样本个数:{}".format(num_test_examples))
```

结果如下：

训练样本个数:**60000**

测试样本个数:**10000**

下面是对样本的展示，这里笔者输出前 25 个样本，代码如下：

```python
import matplotlib.pyplot as plt
plt.figure(figsize=(10,10))
i = 0
for (image, label) in test_dataset.take(25):
    image = image.numpy().reshape((28,28))
    plt.subplot(5,5,i+1)
    plt.xticks([])
    plt.yticks([])
    plt.grid(False)
    plt.imshow(image, cmap=plt.cm.binary)
    plt.xlabel(class_names[label])
    i += 1
plt.show()
```

图 6.6 显示了数据集前 25 个图像的内容，并用[5,5]的矩阵将其展示出来。

第 6 章 TensorFlow Datasets 和 TensorBoard

图 6.6 FashionMNIST 数据集展示结果

6.2.2 模型的建立与训练

模型的建立非常简单，在这里笔者使用 Keras 中的"顺序结构"建立一个基本的四层判别模型，即一个输入层、两个隐藏层、一个输出层的模型结构，代码如下：

```
model = tf.keras.Sequential([
    tf.keras.layers.Flatten(input_shape=(28,28,1)),        #输入层
    tf.keras.layers.Dense(256,activation=tf.nn.relu),      #隐藏层1
    tf.keras.layers.Dense(128,activation=tf.nn.relu),      #隐藏层2
    tf.keras.layers.Dense(10,activation=tf.nn.softmax)     #输出层
])
```

下面对模型做一个说明：

- 输入层：tf.keras.layers.Flatten这一层将图像从2D数组转换为一个784（28×28）像素的一维数组。将这一层想象为将图像中的逐行像素拆开，并将它们排列起来。该层没有需要学习的参数，因为它只是重新格式化数据。
- 隐藏层：tf.keras.layers.Dense是由128个神经元组成的密集连接层。每个神经元（或节点）从前一层的所有784个节点获取输入，根据训练过程中学习到的隐藏层参数对输入进行加权，并将单个值输出到下一层。
- 输出层：同样由tf.keras.layers.Dense构成，所不同的是此层的激活函数是由Softmax提供的，将输入转化成10节点，每个节点表示一组服装。与前一层一样，每个节点从其前面层的128个节点获取输入。每个节点根据学习到的参数对输入进行加权，然后在此范围内输出一个值。所有10个节点值之和为1。

接下来定义优化器和损失函数。

TensorFlow 提供了多种优化器供用户使用，一般常用的是 SGD 与 ADAM。这里不介绍 SGD 和 ADAM 的具体内容，而是直接使用 ADAM 作为本例中的优化器，推荐读者在后续的实验中将其作为默认的优化器模型。

对于本例中的 FashionMNIST 分类，可以按照模型计算的结果将其分解到不同的类别分布中，因此选择"交叉熵"作为对应的损失函数，代码如下：

```
model.compile(optimizer='adam', loss='sparse_categorical_crossentropy',
metrics=['accuracy'])
```

注意，在 compile 函数中，优化器 optimizer 的定义是'adam'；损失函数的定义为 'sparse_categorical_crossentropy'，而不是传统的 categorical_crossentropy，这是因为 sparse_categorical_crossentropy 函数能够将输入的序列转化成与模型对应的分布函数，无须手动调节，可以在数据的预处理过程中较好地减少显存的占用和数据交互的时间。

当然，也可以使用 categorical_crossentropy "交叉熵"函数作为损失函数的定义，不过需要在数据的预处理过程中加上 tf.one_hot 函数对标签的分布做出预处理。本书推荐使用 sparse_categorical_crossentropy 作为损失函数的定义。

最后就是设置样本的轮次和 batch_size 的大小。这里根据不同的硬件配置可以对其进行不同的设置，代码如下：

```
batch_size = 256
train_dataset = train_dataset.repeat().shuffle(num_train_examples).batch(batch_size)
test_dataset = test_dataset.batch(batch_size)
```

batch_size 的大小可以根据不同机器的配置情况进行设置，最后一步是模型对样本的训练，代码如下：

```
model.fit(train_dataset, epochs=5, steps_per_epoch=math.ceil(num_train_examples/batch_size))
```

完整代码如下所示：

【程序6-1】

```
import tensorflow_datasets as tfds
import tensorflow as tf
import math
dataset,metadata = tfds.load('fashion_mnist',as_supervised=True,
with_info=True)
train_dataset,test_dataset = dataset['train'],dataset['test']

model = tf.keras.Sequential([
    tf.keras.layers.Flatten(input_shape=(28,28,1)),         #输入层
    tf.keras.layers.Dense(256,activation=tf.nn.relu),       #隐藏层1
    tf.keras.layers.Dense(128,activation=tf.nn.relu),       #隐藏层2
    tf.keras.layers.Dense(10,activation=tf.nn.softmax)      #输出层
```

```
    ])

    model.compile(optimizer='adam', loss='sparse_categorical_crossentropy',
metrics=['accuracy'])

    batch_size = 256
    train_dataset = train_dataset.repeat().shuffle(50000).batch(batch_size)
    test_dataset = test_dataset.batch(batch_size)

    model.fit(train_dataset, epochs=5, steps_per_epoch=
math.ceil(50000//batch_size))
```

最终结果请读者自行完成。

6.3 使用 Keras 对 FashionMNIST 数据集进行处理

Keras 作为高级 API，也同样将 FashionMNIST 数据集作为自带的数据集函数。本节将采用 keras 包下载 FashionMNIST、采用 model 结构建立模型，并对数据进行处理。

6.3.1 获取数据集

获取数据集的代码如下：

```
import tensorflow as tf

fashion_mnist = tf.keras.datasets.fashion_mnist
    (train_images, train_labels), (test_images, test_labels) =
fashion_mnist.load_data()

print("The shape of train_images is ",train_images.shape)
print("The shape of train_labels is ",train_labels.shape)

print("The shape of test_images is ",test_images.shape)
print("The shape of test_labels is ",test_labels.shape)
```

Keras 中的 datasets 函数有 fashion_mnist 数据集，因此直接导入即可。与 tenesorflow_dataset 数据集类似，也是直接从网上下载数据并将其存储在本地，打印结果如图 6.7 所示。

```
The shape of train_images is  (60000, 28, 28)
The shape of train_labels is  (60000,)
The shape of test_images is   (10000, 28, 28)
The shape of test_labels is   (10000,)
```

图 6.7　fashion_mnist 数据集打印结果

6.3.2 数据集的调整

前面章节介绍了卷积的计算方法，目前来说，对于图形图像的识别和分类问题，卷积神经网络是最优选，因此在将数据输入到模型之前需要将其修正为符合卷积模型输入条件的格式，代码如下：

```
train_images = tf.expand_dims(train_images,axis=3)
test_images = tf.expand_dims(test_images,axis=3)

print(train_images.shape)
print(test_images.shape)
```

打印结果如下：

```
(60000, 28, 28, 1)
(10000, 28, 28, 1)
```

6.3.3 使用 Python 类函数建立模型

在上一节中分辨模型的建立是将图像进行了 flatten 处理，即将其拉平后使用全连接层参数来对结果进行分类和识别，这里将使用 Keras API 中的二维卷积层对图像进行分类：

```
self.cnn_1 = tf.keras.layers.Conv2D(32,3,padding="SAME",
activation=tf.nn.relu)
self.batch_norm_1 = tf.keras.layers.BatchNormalization()

self.cnn_2 = tf.keras.layers.Conv2D(64,3,padding="SAME",
activation=tf.nn.relu)
self.batch_norm_2 = tf.keras.layers.BatchNormalization()

self.cnn_3 = tf.keras.layers.Conv2D(128,3,padding="SAME",
activation=tf.nn.relu)
self.batch_norm_3 = tf.keras.layers.BatchNormalization()

self.last_dense = tf.keras.layers.Dense(10)
```

tf.keras.layers. Conv2D 是由若干个卷积层组成的二维卷积层。层中的每个卷积核从前一层的[3,3]大小的节点中获取输入，根据训练过程中学习到的隐藏层参数对输入进行加权，并将单个值输出到下一层。padding 是填充操作，由于经过卷积运算输入的图像大小维度发生了变化，因此通过一个 padding 可以对其进行填充。当然，也可以不进行填充，这个由读者自行确定。

tf.keras.layers.Dense 的作用是对生成的图像进行分类，按要求分成 10 个部分。这里使用全连接层做分类器是不可能实现的，因为输入数据经过卷积计算结果是一个 4 维的矩阵模型，而分类器实际上是对二维的数据进行计算，这点请读者自行参考模型的建立代码。

模型的完整代码如下：

【程序6-2】

```
class FashionClassic:
    def __init__(self):
        #第一个卷积层
        self.cnn_1 = tf.keras.layers.Conv2D(32,3,activation=tf.nn.relu)
        self.batch_norm_1 = tf.keras.layers.BatchNormalization()    #正则化层

        self.cnn_2 = tf.keras.layers.Conv2D(64,3,activation=tf.nn.relu)
        #第二个卷积层
        self.batch_norm_2 = tf.keras.layers.BatchNormalization()    #正则化层

        #第三个卷积层
        self.cnn_3 = tf.keras.layers.Conv2D(128,3,activation=tf.nn.relu)
        self.batch_norm_3 = tf.keras.layers.BatchNormalization()    #正则化层

        #分类层
        self.last_dense = tf.keras.layers.Dense(10 ,activation=tf.nn.softmax)

    def __call__(self, inputs):
        img = inputs

        img = self.cnn_1(img)                       #使用第一个卷积层
        img = self.batch_norm_1(img)                #正则化

        img = self.cnn_2(img)                       #使用第二个卷积层
        img = self.batch_norm_2(img)                #正则化

        img = self.cnn_3(img)                       #使用第三个卷积层
        img = self.batch_norm_3(img)                #正则化

        img_flatten = tf.keras.layers.Flatten()(img)    #将数据拉平重新排列
        output = self.last_dense(img_flatten)           #使用分类器进行分类

        return output
```

这里笔者使用3个卷积层和3个batch_normalization作为正则化层，之后使用flatten函数将数据拉平并重新排列，提供给分类器使用，解决了分类器数据输入的问题。

> **注 意**
>
> 笔者使用了正统的模型类的定义方式，首先生成一个FashionClassic类名，在init函数中对所有需要用到的层进行定义，而在__call__函数中对其进行调用。如果对Python类的定义和使用不是很熟悉，请自行查阅Python类中__call__函数和__init__函数的用法。

6.3.4 模型的查看和参数打印

TensorFlow 2.X 提供了将模型进行组合和建立的函数，代码如下：

```
img_input = tf.keras.Input(shape=(28,28,1))
output = FashionClassic()(img_input)
model = tf.keras.Model(img_input,output)
```

与传统的 TensorFlow 类似，这里的 Input 函数创建了一个占位符，提供了数据的输入口，之后直接调用分类函数获取占位符的输出结果，从而虚拟达成了一个类的完整形态，之后的 Model 函数建立输入与输出连接，从而建立了一个完整的 TensorFlow 模型。

下一步是对模型进行展示。TensorFlow 2. X 通过调用 Keras 作为高级 API 可以将模型的大概结构和参数打印出来，代码如下：

```
print(model.summary())
```

打印结果如图 6.8 所示。

```
Layer (type)                  Output Shape              Param #
=================================================================
input_1 (InputLayer)          [(None, 28, 28, 1)]       0
_____
conv2d (Conv2D)               (None, 26, 26, 32)        320
_____
batch_normalization (BatchNo  (None, 26, 26, 32)        128
_____
conv2d_1 (Conv2D)             (None, 24, 24, 64)        18496
_____
batch_normalization_1 (Batch  (None, 24, 24, 64)        256
_____
conv2d_2 (Conv2D)             (None, 22, 22, 128)       73856
_____
batch_normalization_2 (Batch  (None, 22, 22, 128)       512
_____
flatten (Flatten)             (None, 61952)             0
_____
dense (Dense)                 (None, 10)                619530
=================================================================
Total params: 713,098
Trainable params: 712,650
```

图 6.8　模型的层次与参数

从模型层次的打印和参数的分布上来看，与在模型类中定义的分布一致，首先是输入端，之后分别接了 3 个卷积层和 batch_normalization 层作为特征提取的工具，之后 flatten 层将数据拉平，全连接层对输入的数据进行分类处理。

除此之外，TensorFlow 中还提供了图形化模型输入输出的函数，代码如下：

```
tf.keras.utils.plot_model(model)
```

在这里输出的结果如图 6.9 所示。

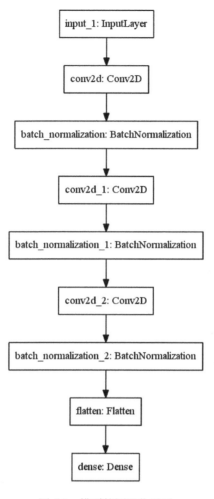

图 6.9 模型的图形化展示

该函数将画出模型结构图，并保存成图片，除了输入使用 TensorFlow 中 Keras 创建的模型外，plot_model 函数还接受两个额外的参数：

- show_shapes：指定是否显示输出数据的形状，默认为 False。
- show_layer_names：指定是否显示层名称，默认为 True。

6.3.5 模型的训练和评估

这里使用和上一节类似的模型参数进行设置，唯一的区别是自定义学习率，因为随着模型的变化，学习率也会跟随变化。代码如下：

```
img_input = tf.keras.Input(shape=(28,28,1))
output = FashionClassic()(img_input)
model = tf.keras.Model(img_input,output)

model.compile(optimizer=tf.keras.optimizers.Adam(1e-4),
```

```
loss=tf.losses.sparse_categorical_crossentropy, metrics=['accuracy'])
    model.fit(x=train_images,y=train_labels, epochs=10,verbose=2)

    model.evaluate(x=test_images,y=test_labels,verbose=2)
```

在这里，训练数据和测试数据被分别使用，并进行训练和验证，epoch 为训练的轮数，而 verbose=2 设置了显示结果。完整代码如下所示：

【程序6-3】

```
import tensorflow as tf

fashion_mnist = tf.keras.datasets.fashion_mnist
    (train_images, train_labels), (test_images, test_labels) = 
fashion_mnist.load_data()

train_images = tf.expand_dims(train_images,axis=3)
test_images = tf.expand_dims(test_images,axis=3)

class FashionClassic:
    def __init__(self):

        self.cnn_1 = tf.keras.layers.Conv2D(32,3,activation=tf.nn.relu)
        self.batch_norm_1 = tf.keras.layers.BatchNormalization()

        self.cnn_2 = tf.keras.layers.Conv2D(64,3,activation=tf.nn.relu)
        self.batch_norm_2 = tf.keras.layers.BatchNormalization()

        self.cnn_3 = tf.keras.layers.Conv2D(128,3,activation=tf.nn.relu)
        self.batch_norm_3 = tf.keras.layers.BatchNormalization()

        self.last_dense = tf.keras.layers.Dense(10,activation=tf.nn.softmax)

    def __call__(self, inputs):
        img = inputs

        img = self.cnn_1(img)
        img = self.batch_norm_1(img)

        img = self.cnn_2(img)
        img = self.batch_norm_2(img)

        img = self.cnn_3(img)
        img = self.batch_norm_3(img)

        img_flatten = tf.keras.layers.Flatten()(img)
```

```python
        output = self.last_dense(img_flatten)

        return output


if __name__ == "__main__":
    img_input = tf.keras.Input(shape=(28,28,1))
    output = FashionClassic()(img_input)
    model = tf.keras.Model(img_input,output)

    model.compile(optimizer=tf.keras.optimizers.Adam(1e-4),
loss=tf.losses.sparse_categorical_crossentropy, metrics=['accuracy'])

    model.fit(x=train_images,y=train_labels, epochs=10,verbose=2)
    model.evaluate(x=test_images,y=test_labels)
```

训练和验证输出如图 6.10 所示。

```
Train on 60000 samples
Epoch 1/10
60000/60000 - 15s - loss: 0.5301 - accuracy: 0.8537
Epoch 2/10
60000/60000 - 14s - loss: 0.2843 - accuracy: 0.9176
Epoch 3/10
60000/60000 - 14s - loss: 0.1899 - accuracy: 0.9425
Epoch 4/10
60000/60000 - 14s - loss: 0.1326 - accuracy: 0.9578
Epoch 5/10
60000/60000 - 14s - loss: 0.0994 - accuracy: 0.9676
Epoch 6/10
60000/60000 - 14s - loss: 0.0789 - accuracy: 0.9740
Epoch 7/10
60000/60000 - 14s - loss: 0.0597 - accuracy: 0.9809
Epoch 8/10
60000/60000 - 14s - loss: 0.0501 - accuracy: 0.9837
Epoch 9/10
60000/60000 - 14s - loss: 0.0399 - accuracy: 0.9865
Epoch 10/10
60000/60000 - 15s - loss: 0.0424 - accuracy: 0.9865
10000/10000 - 1s - loss: 0.5931 - accuracy: 0.9023
```

图 6.10 训练和验证过程展示

训练的准确率上升得很快，仅仅经过 10 个轮次，在验证集上准确率就达到了 0.9023，也是一个较好的成绩。

6.4 使用 TensorBoard 可视化训练过程

TensorBoard 是 TensorFlow 自带的一个强大的可视化工具，也是一个 Web 应用程序套件。在众多机器学习库中，TensorFlow 是目前唯一自带可视化工具的库，这也是 TensorFlow 的一个优点。学会使用 TensorBoard，可以构建复杂的模型。

TensorBoard 是集成在 TensorFlow 中自动安装的，基本上安装完 TensorFlow 1.X 或者 2.X，TensorBoard 就默认安装了，无论是 1.X 版本还是 2.X 版本的 TensorBoard，都可以在 TensorFlow 2.X 下直接使用而无须做出调整。

TensorBoard 官方定义的 tf.keras.callbacks.TensorBoard 函数具有以下特点：

- 类TensorBoard。
- 继承自Callback。
- 定义在tensorflow/python/keras/callbacks.py下。
- TensorBoard基本可视化。
- TensorBoard是由TensorFlow提供的一个可视化工具。
- 此回调为TensorBoard编写日志，该日志允许我们可视化训练和测试度量的动态图形，也可以可视化模型中不同层的激活直方图。

6.4.1 TensorBoard 的文件夹设置

TensorBoard实际上是将训练过程的数据存储并写入硬盘的类，因此需要按TensorFlow官方的定义生成存储文件夹。

图 6.11 中是 TensorBoard 文件的存储架构，可以看到 logs 文件夹下的 train 文件夹中存放着以 events 开头的文件，这也是 TensorBoard 存储的文件类型。

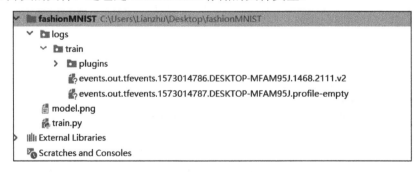

图 6.11　TensorBoard 文件存储架构

在真实的模型训练中，logs 中的 train 文件夹是由 TensorBoard 函数初始化的过程中创建的，因此只需要在与训练代码"平行"的位置创建一个 logs 文件夹即可，如图 6.12 所示。

图 6.12 创建的 logs 文件夹

logs 文件夹是与 train.py 文件平行的文件夹，专用于存放 TensorBoard 在程序的运行过程中产生的数据文件。

6.4.2 TensorBoard 的显式调用

在 1.X 版本中，如果用户需要使用 TensorBoard 对训练过程进行监督，就需要显式地调用 TensorBoard 对数据进行加载，即 TensorBoard 是先通过一些操作将数据记录到文件中再读取文件来完成作图的。

在 TensorFlow 2.X 中，为了结合 Keras 高级 API 的数据调用和使用方法，TensorBoard 被集成在 callbacks 函数中，用户可以自由地将其加载到训练的过程中，并直观地观测模型的训练情况。

在 TensorFlow 2.X 中调用 TensorBoard callbacks 的代码如下：

```
tensorboard = tf.keras.callbacks.TensorBoard(histogram_freq=1)
```

其中：

- log_dir：用来保存被TensorBoard分析的日志文件。
- histogram_freq：对于模型中各个层计算激活值和模型权重直方图的频率（训练轮数中）。如果设置成0，直方图就不会被计算。对于直方图可视化的验证数据（或分离数据），一定要明确指出。
- write_graph：是否在TensorBoard中可视化图像。如果write_graph 被设置为True，那么日志文件会变得非常大。
- write_grads：是否在TensorBoard中可视化梯度值直方图。histogram_freq必须大于0。
- batch_size：以直方图计算的传入神经元网络输入批的大小。
- write_images：是否在TensorBoard中将模型权重以图片可视化。
- embeddings_freq：被选中的嵌入层会被保存的频率（在训练轮中）。
- embeddings_layer_names：一个列表，会被监测层的名字。如果是None或空列表，那么所有的嵌入层都会被监测。
- embeddings_metadata：一个字典，保存有这个嵌入层元数据文件。
- embeddings_data：要嵌入在embeddings_layer_names指定层的数据。NumPy数组（如果模型有单个输入）或NumPy数组列表（如果模型有多个输入）。
- update_freq：'batch'、'epoch'或整数。当使用'batch'时，在每个batch之后将损失和评估值写入TensorBoard中。同样的情况可应用到'epoch'中。如果使用整数，例如10000，那么回调会在每10000个样本之后将损失和评估值写入TensorBoard中。注意，频繁地写入到TensorBoard会减缓我们的训练。

调用好的 TensorBoard 函数依旧需要显式地在模型训练过程中被调用，此时 TensorBoard 通过继承 Keras 中的 Callbacks 类直接被插入训练模型使用即可。

```
model.fit(x=train_images,y=train_labels,
epochs=10,verbose=2,callbacks=[tensorboard])
```

这里借用上一节中 FashionMNIST 训练过程的 fit 函数，callbacks 将实例化的一个 Callbacks 类显式地传递到训练模型中，以便被回调。

顺便说一句，callbacks 类的使用和实现不止 TensorBoard 一个。在本例中，读者只需要记住有这个类即可。

【程序6-4】

```
import tensorflow as tf

fashion_mnist = tf.keras.datasets.fashion_mnist
(train_images, train_labels), (test_images, test_labels) = 
fashion_mnist.load_data()

train_images = tf.expand_dims(train_images,axis=3)
test_images = tf.expand_dims(test_images,axis=3)

class FashionClassic:
    def __init__(self):

        self.cnn_1 = tf.keras.layers.Conv2D(32,3,activation=tf.nn.relu)
        self.batch_norm_1 = tf.keras.layers.BatchNormalization()

        self.cnn_2 = tf.keras.layers.Conv2D(64,3,activation=tf.nn.relu)
        self.batch_norm_2 = tf.keras.layers.BatchNormalization()

        self.cnn_3 = tf.keras.layers.Conv2D(128,3,activation=tf.nn.relu)
        self.batch_norm_3 = tf.keras.layers.BatchNormalization()

        self.last_dense = tf.keras.layers.Dense(10,activation=tf.nn.softmax)

    def __call__(self, inputs):
        img = inputs

        conv_1 = self.cnn_1(img)
        conv_2 = self.batch_norm_1(conv_1)

        conv_2 = self.cnn_2(conv_2)
```

```
            conv_3 = self.batch_norm_2(conv_2)

            conv_3 = self.cnn_3(conv_3)
            conv_4 = self.batch_norm_3(conv_3)

            img_flatten = tf.keras.layers.Flatten()(conv_4)
            output = self.last_dense(img_flatten)

            return output

    if __name__ == "__main__":
        img_input = tf.keras.Input(shape=(28,28,1))
        output = FashionClassic()(img_input)
        model = tf.keras.Model(img_input,output)

        model.compile(optimizer=tf.keras.optimizers.Adam(1e-4),
    loss=tf.losses.sparse_categorical_crossentropy, metrics=['accuracy'])

        #初始化 TensorBoard
        tensorboard = tf.keras.callbacks.TensorBoard(histogram_freq=1)

        model.fit(x=train_images,y=train_labels, epochs=10,verbose=2,
    callbacks=[tensorboard])
        model.evaluate(x=test_images,y=test_labels)        #显式调用 TensorBoard
```

程序的运行结果请读者参考上一节的程序运行示例，这里不再说明。

6.4.3 TensorBoard 的使用

TensorBoard 的使用需要分成 3 部分。读者需要注意：在调用 TensorBoard 之前需要读者确认 TensorFlow 和 TensorBoard 对应的版本，本书中作者使用的版本如下：

```
TensorFlow==2.2.0
TensorBoard==2.2.0
```

1. 确认TensorBoard生成完毕

模型训练完毕或者在训练的过程中，TensorBoard 会在 logs 文件夹下生成对应的数据存储文件，如图 6.13 所示，可以通过查阅相应的文件确定文件的产生。

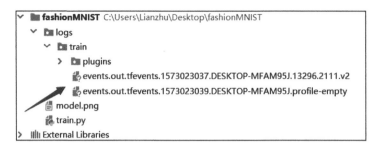

图 6.13　TensorBoard 文件的存储

2. 终端输入TensorBoard启动命令

在 CMD 终端上打开终端控制端口，如图 6.14 所示。

图 6.14　打开终端

输入如下内容：

```
tensorboard --logdir=/full_path_to_your_logs/train
```

也就是显式地调用 TensorBoard 在对应的位置（见图 6.15）打开存储的数据文件，如图 6.16 所示。

图 6.15　TensorBoard 存储的位置

图 6.16　在终端调用 TensorBoard 的位置

在核对完终端的 TensorBoard 启动命令后，终端显示如图 6.17 所示的值，即可确定 TensorBoard 启动完毕。

第 6 章 TensorFlow Datasets 和 TensorBoard | 135

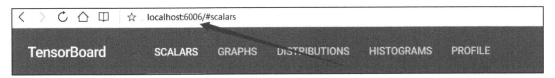

图 6.17 TensorBoard 在终端启动后的输出值

此时 TensorBoard 自动启动了一个端口为 6006 的 HTTP 地址，而地址名就是本机地址，可以用 localhost 代替。

3. 在浏览器中查看 TensorBoard

一般使用 Chrome 核心的浏览器都可以对 TensorBoard 进行浏览。笔者使用 QQ 浏览器打开 TensorBoard，输入如下地址：

http://localhost:6006

打开的页面如图 6.18 所示。

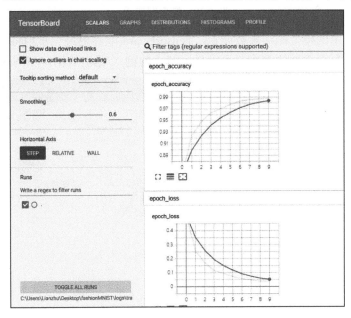

图 6.18 打开的 TensorBoard 页面

在打开的页面中有若干个标签，分别为 SCALARS、GRAPHS、DISTPIBUTIONS、HISTOGRAMS、PROFILE。SCALARS 是按命名空间划分的监控数据，如图 6.19 所示。

图 6.19 监控数据

这里展示了在程序代码段中的两个监控指标：epoch_loss 和 epoch_accuracy。随着时间的变换，loss 呈现为线性减少，而 accuracy 呈现为线性增加。其中，横坐标表示训练次数，纵坐标表示该标量的具体值，从图 6.19 中可以看出，随着训练次数的增加，损失函数的值是在逐步减小的。

TensorBoard 左侧工具栏上的 smoothing（0 是不平滑处理，1 是最平滑，默认是 0.6）表示在作图的时候对图形进行平滑处理，这样做是为了更好地展示参数的整体变化趋势。如果不平滑处理，那么有些曲线波动会很大，难以看出趋势。

GRAPHS 是整个模型的图的架构展示，如图 6.20 所示。

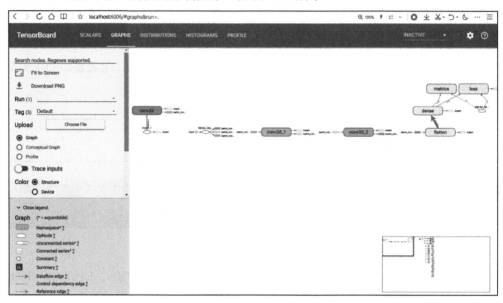

图 6.20　模型图架构

相对于 Keras 中的模型图和参数展示，TensorBoard 能够更进一步地将模型架构更为细节地展示出来，单击每个模型的节点，可以显示节点的输入/输出数据，如图 6.21 所示。

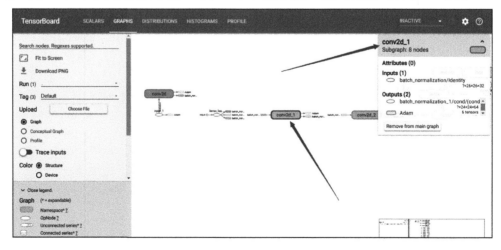

图 6.21　展开后的 TensorBoard 节点显示图

另外，还可以根据用户对模型展示的需求选择图像的颜色，在基于结构的模式中，相同的节点会被标记为相同的颜色，而在以硬件为基础的展示结构中，相同的硬件被标记上相同的颜色。

DISTRIBUTIONS 查看的是神经元输出的分布，有激活函数之前的分布、激活函数之后的分布等，如图 6.22 所示。

图 6.22　DISTRIBUTIONS 标签的展示

TensorBoard 中剩下的标签分别是分布和统计方面的一些模型信息，这里笔者不再过多解释，请有兴趣的读者自行查阅相关内容。

6.5　本章小结

本章主要介绍了两个 TensorFlow 2.2 中新的高级 API。TensorFlow Datasets 简化了数据集的获取与使用，并且 TensorFlow Datasets 中的数据集依旧在不停地增加中。TensorBoard 是可视化模型训练过程中的利器，通过其对模型训练过程不同维度的观测可以帮助用户更好地对模型进行训练。

第 7 章

从冠军开始：ResNet

随着 VGG 网络模型的成功，更深更宽更复杂的网络似乎成为卷积神经网络搭建的主流。卷积神经网络能够用来提取所侦测对象的低、中、高特征，网络的层数越多，意味着能够提取到不同层的特征越丰富，并且通过还原镜像发现越深的网络提取的特征越抽象，越具有语义信息。

这也产生了一个非常大的疑问，是否可以单纯地通过增加神经网络模型的深度和宽度（增加更多的隐藏层和每个层之中的神经元）去获得更好的结果？答案是不可能。因为根据实验发现，随着卷积神经网络层数的加深，出现了另外一个问题，即在训练集上准确率难以达到 100%正确，甚至于产生了下降。

这似乎不能简单地解释为卷积神经网络的性能下降，因为卷积神经网络加深的基础理论就是越深越好。如果强行解释为产生了"过拟合"，似乎也不能够解释准确率下降的问题，因为如果产生了过拟合，那么在训练集上卷积神经网络应该表现得更好才对。

这个问题被称为"神经网络退化"。

神经网络退化问题的产生说明了卷积神经网络不能够被简单地使用堆积层数的方法进行优化！

2015 年，152 层深的 ResNet 横空出世，取得当年 ImageNet 竞赛冠军，相关论文在 CVPR 2016 斩获最佳论文奖。ResNet 成为视觉乃至整个 AI 界的一个经典。ResNet 使得训练深达数百甚至数千层的网络成为可能，而且性能仍然优异。

本章将主要介绍 ResNet 以及其变种。后面章节介绍的 Attention 模块也是基于 ResNet 模型的扩展，因此本章内容非常重要。本章还会引入一个新的模块 TensorFlow-layers，这是为了简化。

让我们站在巨人的肩膀上，从冠军开始！

> **提示**
> ResNet 非常简单。

7.1 ResNet 的基本原理与程序设计基础

ResNet 的出现彻底改变了 VGG 系列所带来的固定思维，破天荒地提出了采用模块化的思维来替代整体的卷积层，通过一个个模块的堆叠来替代不断增加的卷积层。对 ResNet 的研究和不断改进就成为过去几年中计算机视觉和深度学习领域最具突破性的工作。并且由于其表征能力强，ResNet 在图像分类任务以外的许多计算机视觉应用上也取得了巨大的性能提升，例如对象检测和人脸识别。

7.1.1 ResNet 诞生的背景

卷积神经网络的实质就是无限拟合一个符合对应目标的函数。根据泛逼近定理（Universal Approximation Theorem），如果给定足够的容量，一个单层的前馈网络就足以表示任何函数。但是，这个层可能是非常大的，而且网络容易过拟合数据。因此，学术界有一个共同的认识，就是网络架构需要更深。

但是，研究发现只是简单地将层堆叠在一起，增加网络的深度并不会起太大的作用。这是由于难搞的梯度消失（Vanishing Gradient）问题，深层的网络很难训练。因为梯度反向传播到前一层，重复相乘可能使梯度无穷小。结果就是，随着网络的层数更深，其性能趋于饱和，甚至开始迅速下降，如图 7.1 所示。

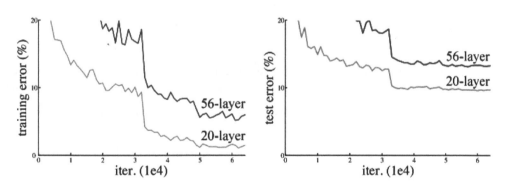

图 7.1 随着网络的层数更深，其性能趋于饱和，甚至开始迅速下降

在 ResNet 之前，已经出现好几种处理梯度消失问题的方法，但是没有一种方法能够真正解决这个问题。在何恺明等人于 2015 年发表的论文《用于图像识别的深度残差学习》（Deep Residual Learning for Image Recognition）中，认为堆叠的层不应该降低网络的性能，可以简单地在当前网络上堆叠映射层（不处理任何事情的层），并且所得到的架构性能不变。

$$f'(x) = \begin{cases} x \\ f(x) + x \end{cases}$$

当 $f(x)$ 为 0 时，$f'(x)$ 等于 x；当 $f(x)$ 不为 0 时，所获得的 $f'(x)$ 性能要优于单纯地输入 x。公式表明，较深的模型所产生的训练误差不应比较浅的模型的误差更高。假设让堆叠的层拟合一个残差映射（Residual Mapping）要比让它们直接拟合所需的底层映射更容易。

从图 7.2 可以看到，残差映射与传统的直接相连的卷积网络相比，最大的变化是加入了一个恒等映射层 $y = x$ 层。其主要作用是使得网络随着深度的增加而不会产生权重衰减、梯度衰减或者消失这些问题。

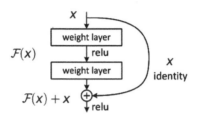

图 7.2 残差框架模块

其中，$F(x)$ 表示的是残差，$F(x) + x$ 是最终的映射输出，因此可以得到网络的最终输出为 $H(x) = F(x) + x$。由于网络框架中有 2 个卷积层和 2 个 relu 函数，因此最终的输出结果可以表示为：

$$H_1(x) = \text{relu}_1(w_1 \times x)$$
$$H_2(x) = \text{relu}_2(w_2 \times h_1(x))$$
$$H(x) = H_2(x) + x$$

其中，H_1 是第一层的输出，H_2 是第二层的输出。这样在输入与输出有相同维度时，可以使用直接输入的形式将数据传递到框架的输出层。

ResNet 整体结构图及与 VGGNet 的比较如图 7.3 所示。

图 7.3 展示了 VGGNet19 以及一个 34 层的普通结构神经网络和一个 34 层的 ResNet 网络的对比图。通过验证可以知道，在使用了 ResNet 的结构后可以发现层数不断加深导致的训练集上误差增大的现象被消除了，ResNet 网络的训练误差会随着层数增大而逐渐减小，并且在测试集上的表现也会变好。

除了用以上讲解的二层残差学习单元，实际上更多的是使用[1,1]结构的三层残差学习单元，如图 7.4 所示。

图 7.3 ResNet 模型结构及比较

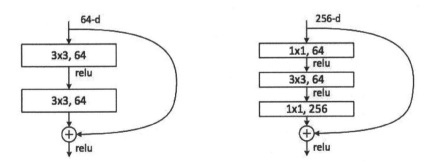

图 7.4 二层（左）以及三层（右）残差单元的比较

这是借鉴了 NIN 模型的思想，在二层残差单元中包含 1 个[3,3]卷积层的基础上包含了 2 个[1,1]大小的卷积，放在[3,3]卷积层的前后，执行先降维再升维的操作。

无论采用哪种连接方式，ResNet 的核心都是引入一个"身份捷径连接"（Identity Shortcut Connection），直接跳过一层或多层将输入层与输出层进行连接。实际上，ResNet 并不是第一个利用捷径连接的方法，较早期有相关研究人员就在卷积神经网络中引入了"门控短路电路"，即参数化的门控系统允许何种信息通过网络通道，如图 7.5 所示。

并不是所有加入了捷径的卷积神经网络都会提高传输效果。在后续的研究中，有不少研究人员对残差块进行了改进，但是很遗憾并不能获得性能上的提高。

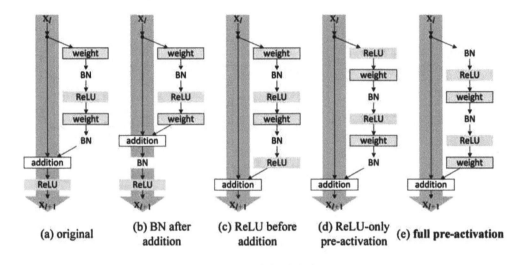

图 7.5　门控短路电路

> **注　意**
>
> 目前图 7.5 中(a)的性能最好。

7.1.2　模块工具的 TensorFlow 实现——不要重复造轮子

"工欲善其事，必先利其器。"在构建自己的残差网络之前，需要准备好相关的程序设计工具。这里的工具是指那些已经设计好结构、直接可以使用的代码。

首先最重要的是卷积核的创建方法。从模型上看，需要更改的内容很少，即卷积核的大小、输出通道数以及所定义的卷积层的名称，代码如下：

```
tf.keras.layers.Conv2D
```

这里直接调用了 TensorFlow 中对卷积层的实现，只需要输入对应的卷积核数目、卷积核大小以及填充方式即可。

此外，还有一个非常重要的方法，即获取数据的 BatchNormalization，使用批量正则化对数据进行处理，代码如下：

```
tf.keras.layers.BatchNormalization
```

其他的还有最大池化层，代码如下：

```
tf.keras.layers.MaxPool2D
```

平均池化层：

```
tf.keras.layers.AveragePooling2D
```

这些是在模型单元中所需要使用的基本工具，有了这些工具，就可以直接构建 ResNet 模型单元了。

7.1.3 TensorFlow 高级模块 layers 的用法

在上一小节中，我们使用自定义的方法实现了 ResNet 模型的功能单元，能够极大地帮助我们完成搭建神经网络的工作，而且除了搭建 ResNet 网络模型，基本结构的模块化编写还包括其他神经网络的搭建。

Keras 同样提供了原生的、可供直接使用的卷积神经网络模块 layers。它是用于深度学习的更高层次封装的 API，程序设计者可以利用它轻松地构建模型。

表 7.1 展示了 layers 封装好的多种卷积神经网络 API，上一小节中自定义的 Conv2D 和 BatchNormalization 都有自定义好的模块，以及多种池化层。表 7.1 中这些层也是常用的层。

表 7.1 多种卷积神经网络 API

API	说明
input(…)	用于实例化一个输入 Tensor，作为神经网络的输入
average_pooling1d(…)	一维平均池化层
average_pooling2d(…)	二维平均池化层
average_pooling3d(…)	三维平均池化层
batch_normalization(…)	批量标准化层
conv1d(…)	一维卷积层
conv2d(…)	二维卷积层
conv2d_transpose(…)	二维反卷积层
conv3d(…)	三维卷积层
conv3d_transpose(…)	三维反卷积层
dense(…)	全连接层
dropout(…)	dropout 层
flatten(…)	Flatten 层，即把一个 Tensor 展平
max_pooling1d(…)	一维最大池化层
max_pooling2d(…)	二维最大池化层
max_pooling3d(…)	三维最大池化层
separable_conv2d(…)	二维深度可分离卷积层

1. 卷积简介

实际上 layers 中提供了多个卷积的实现方法，例如 conv1d()、conv2d()、conv3d()，分别代表一维、二维、三维卷积，另外还有 conv2d_transpose()、conv3d_transpose()，分别代表二维和三维反卷积，还有 separable_conv2d()方法代表二维深度可分离卷积。这里以 conv2d() 方法为例进行说明。

```
def __init__(self,
filters,
kernel_size,
strides=(1, 1),
padding='valid',
data_format=None,
dilation_rate=(1, 1),
activation=None,
use_bias=True,
kernel_initializer='glorot_uniform',
bias_initializer='zeros',
kernel_regularizer=None,
bias_regularizer=None,
activity_regularizer=None,
kernel_constraint=None,
bias_constraint=None,
**kwargs):
```

参数说明如下：

- filters：必需，是一个数字，代表了输出通道的个数，即output_channels。
- kernel_size：必需，卷积核大小，必须是一个数字（高和宽都是此数字）或者长度为2的列表（分别代表高、宽）。
- strides：可选，默认为(1,1)，卷积步长，必须是一个数字（高和宽都是此数字）或者长度为2的列表（分别代表高、宽）。
- padding：可选，padding的模式，有valid和same两种，默认为valid，不区分字母大小写。
- data_format：可选，分为channels_last和channels_first两种模式，代表输入数据的维度类型，默认channels_last。如果是channels_last，那么输入数据的shape为(batch,height,width,channels)；如果是channels_first，那么输入数据的shape为(batch,channels,height,width)。
- dilation_rate：可选，默认为(1,1)，卷积的扩张率。当扩张率为2时，卷积核内部就会有边距，3×3的卷积核就会变成5×5。
- activation：可选，默认为None。若为None，则是线性激活。
- use_bias：可选，默认为True，表示是否使用偏置。
- kernel_initializer：可选，默认为None，即权重的初始化方法。若为None，则使用默认的Xavier初始化方法。
- bias_initializer：可选，默认为零值初始化，即偏置的初始化方法。
- kernel_regularizer：可选，默认为None，施加在权重上的正则项。

- bias_regularizer：可选，默认为None，施加在偏置上的正则项。
- activity_regularizer：可选，默认为None，施加在输出上的正则项。
- kernel_constraint：可选，默认为None，施加在权重上的约束项。
- bias_constraint：可选，默认为None，施加在偏置上的约束项。
- trainable：可选，布尔类型，默认为True。若为True，则将变量添加到GraphKeys.TRAINABLE_VARIABLES中。
- name：可选，默认为None，卷积层的名称。
- reuse：可选，布尔类型，默认为None。若为True，则在name相同时重复利用。
- 返回值：卷积后的Tensor。

使用方法与自定义的卷积层方法类似，这里我们通过一个小例子予以说明。

【程序7-1】

```
import tensorflow as tf
with tf.device("/CPU:0"):
    #自定义输入数据
    xs = tf.random.truncated_normal(shape=[50, 32, 32, 32])
    #使用二维卷积进行计算
    out = tf.keras.layers.Conv2D(64,3,padding="SAME")(xs)
    print(out.shape)
```

例子中首先定义了一个[50, 32, 32, 32]的输入数据，之后传给Conv2D函数，filter是输出的维度，设置成32。选择的卷积核大小为3×3，strides为步进距离，这里采用1个步进距离，也就是采用默认的步进设置。padding为填充设置，这里设置为根据卷积核大小对输入值进行填充。输入结果如下：

(50, 32, 32, 64)

此时如果将strides设置成[2,2]，结果如下：

(50, 16, 16, 64)

当然此时的padding还可以变化，可以将其设置成"VALID"看看结果如何。

> **提 示**
>
> TensorFlow中padding被设置成"SAME"时，其实是先对输入数据进行填充之后再进行卷积计算。

此外，还可以传入激活函数，或者设定kernel的格式化方式，或者禁用bias等，这些操作请读者自行尝试。

```
out = tf.keras.layers.Conv2D(64,3,strides=[2,2],padding="SAME",
activation=tf.nn.relu)(xs)
```

2. batch_normalization简介

batch_normalization是目前最常用的数据标准化方法，也是批量标准化方法。输入数据经过处理之后能够显著加速训练速度，并且减少过拟合出现的可能性。

```
def __init__(self,
axis=-1,
momentum=0.99,
epsilon=1e-3,
center=True,
scale=True,
beta_initializer='zeros',
gamma_initializer='ones',
moving_mean_initializer='zeros',
moving_variance_initializer='ones',
beta_regularizer=None,
gamma_regularizer=None,
beta_constraint=None,
gamma_constraint=None,
renorm=False,
renorm_clipping=None,
renorm_momentum=0.99,
fused=None,
trainable=True,
virtual_batch_size=None,
adjustment=None,
name=None,
**kwargs):
```

参数说明如下：

- axis：可选，默认为-1，即进行标注化操作时操作数据的哪个维度。
- momentum：可选，默认为0.99，即动态均值的动量。
- epsilon：可选，默认为0.01，大于0的小浮点数，用于防止除0错误。
- center：可选，默认为True。若设为True，则会将beta作为偏置加上去，否则忽略参数beta。
- scale：可选，默认为True。若设为True，则会乘以gamma，否则不使用gamma；当下一层是线性的时候，可以设为False，因为scaling的操作将被下一层执行。
- beta_initializer：可选，beta权重的初始方法，默认为zeros_initializer。
- gamma_initializer：可选，gamma的初始化方法，默认为ones_initializer。
- moving_mean_initializer：可选，动态均值的初始化方法，默认为zeros_initializer。
- moving_variance_initializer：可选，动态方差的初始化方法，默认为ones_initializer。
- beta_regularizer：可选，beta的正则化方法，默认为None。
- gamma_regularizer：可选，gamma的正则化方法，默认为None。
- beta_constraint：可选，加在beta上的约束项，默认为None。

- gamma_constraint：可选，加在gamma上的约束项，默认为None。
- training：可选，返回结果是training模式，默认为False。
- trainable：可选，布尔类型，默认为True。若为True，则将变量添加到GraphKeys.TRAINABLE_VARIABLES中。
- name：可选，层名称，默认为None。
- fused：可选，根据层名判断是否重复利用，默认为None。
- renorm：可选，是否要用BatchRenormalization，默认为False。
- renorm_clipping：可选，是否要用rmax、rmin、dmax来scalarTensor，默认为None。
- renorm_momentum：可选，用来更新动态均值和标准差的Momentum值，默认为0.99。
- fused：可选，是否使用一个更快的、融合的实现方法，默认为None。
- virtual_batch_size：可选，一个int数字，指定一个虚拟batchsize，默认为None。
- adjustment：可选，对标准化后的结果进行适当调整的方法，默认为None。

其用法很简单，直接在tf.layers.batch_normalization函数中输入"xs"即可。

【程序7-2】

```
import tensorflow as tf
with tf.device("/CPU:0"):
    #自定义输入数据
    xs = tf.random.truncated_normal(shape=[50, 32, 32, 32])
    #使用二维卷积进行计算
    out = tf.keras.layers.BatchNormalization()(xs)
    print(out.shape)
```

输出结果如下：

(50, 32, 32, 32)

3. dense简介

dense是全连接层，layers中提供了一个专门的函数来实现此操作，即tf.layers.dense，其结构如下：

```
def __init__(self,
units,
activation=None,
use_bias=True,
kernel_initializer='glorot_uniform',
bias_initializer='zeros',
kernel_regularizer=None,
bias_regularizer=None,
activity_regularizer=None,
kernel_constraint=None,
bias_constraint=None,
**kwargs):
```

参数说明如下：
- units：必需，神经元的数量。
- activation：可选，默认为None。若为None，则是线性激活。
- use_bias：可选，是否使用偏置，默认为True。
- kernel_initializer：可选，权重的初始化方法，默认为None。
- bias_initializer：可选，偏置的初始化方法，默认为零值初始化。
- kernel_regularizer：可选，施加在权重上的正则项，默认为None。
- bias_regularizer：可选，施加在偏置上的正则项，默认为None。
- activity_regularizer：可选，施加在输出上的正则项，默认为None。
- kernel_constraint，可选，施加在权重上的约束项，默认为None。
- bias_constraint，可选，施加在偏置上的约束项，默认为None。

【程序7-3】

```
import tensorflow as tf

with tf.device("/CPU:0"):
    #自定义输入数据
    xs = tf.random.truncated_normal(shape=[50, 32, 32, 32])
    out_1 = tf.keras.layers.Dense(32)(xs)
    print(out.shape)
```

xs 为输入数据，units 为输出层次，结果如下：

```
(50, 32, 32, 32)
```

这里指定了输出层的维度为 32，因此输出结果为[50,32,32,32]，其中最后一个维度等于神经元的个数。

此外，还可以仿照卷积层的设置对激活函数以及初始化的方式进行定义：

```
dense = tf.layers.dense(xs,units=10,activation=tf.nn.sigmoid,
use_bias=False)
```

4．pooling简介

pooling 即池化。layers 模块提供了多个池化方法，这几个池化方法都是类似的，包括 max_pooling1d()、max_pooling2d()、max_pooling3d()、average_pooling1d()、average_pooling2d()、average_pooling3d()，分别代表一维、二维、三维、最大和平均池化方法，这里以常用的 avg_pooling2d 为例进行讲解。

```
def __init__(self,
pool_size=(2, 2),
strides=None,
padding='valid',
data_format=None,
**kwargs):
```

参数说明如下:

- pool_size：必需，池化窗口大小，必须是一个数字（高和宽都是此数字）或者长度为2的列表（分别代表高、宽）。
- strides：必需，池化步长，必须是一个数字（高和宽都是此数字）或者长度为2的列表（分别代表高、宽）。
- padding：可选，padding的方法，valid或者same，默认为'valid'，不区分字母大小写。
- data_format：可选，分为channels_last和channels_first两种模式，代表了输入数据的维度类型，默认为channels_last。如果是channels_last，那么输入数据的shape为(batch,height,width,channels)；如果是channels_first，那么输入数据的shape为(batch,channels,height,width)。
- name：可选，池化层的名称，默认为None。
- 返回值：经过池化处理后的Tensor。

【程序7-4】

```
import tensorflow as tf
#自定义输入数据
with tf.device("/CPU:0"):
xs = tf.random.truncated_normal(shape=[50, 32, 32, 32])
out = tf.keras.layers.AveragePooling2D(strides=[1,1])(xs)
print(out.shape)
```

这里对输入值设置了以[2,2]为大小的均值核，步进为[1,1]。填充方式为"SAME"，即用 0 对输入数据进行填充。结果如下：

(50, 31, 31, 32)

5. layers模块应用实例

下面使用一个例子来对数据进行说明。

【程序7-5】

```
import tensorflow as tf
#自定义输入数据
with tf.device("/CPU:0"):

xs = tf.random.truncated_normal(shape=[50, 32, 32, 32])
out = tf.keras.layers.MaxPool2D(strides=[1,1])(xs)
out = tf.keras.layers.Conv2D(filters=32,kernel_size =[2,2],padding="SAME")(out)
out = tf.keras.layers.BatchNormalization()(xs)
out = tf.keras.layers.Flatten()(out)
logits = tf.keras.layers.Dense(10)(out)
print(logits.shape)
```

首先创建了一个[50,32,32,32]维度的数据值,对其进行最大池化,然后进行 strides 为[2,2] 的卷积,采用的激活函数为 relu,接着进行 batch_normalization 批正则化,flatten 对输入的数据进行平整化,输出为一个与 batch 相符合的二维向量,最后进行全连接计算输出维度。

(50, 10)

此外,将所有模块全部存放在一个模型中也是可以的,代码如下:

【程序7-6】

```
import tensorflow as tf
#自定义输入数据
xs = tf.keras.Input( [32, 32, 32])
out = tf.keras.layers.MaxPool2D(strides=[1,1])(xs)
out = tf.keras.layers.Conv2D(filters=32,kernel_size =
[2,2],padding="SAME")(xs)
out = tf.keras.layers.BatchNormalization()(xs)
out = tf.keras.layers.Add()([out,xs])
out = tf.keras.layers.Flatten()(out)
logits = tf.keras.layers.Dense(10)(out)
model = tf.keras.Model(inputs=xs, outputs=logits)
print(model.summary())
```

最终打印的模型构造如图 7.6 所示。

```
Model: "model"
_____
Layer (type)                    Output Shape         Param #     Connected to
=============================================================================
input_1 (InputLayer)            [(None, 32, 32, 32)] 0

batch_normalization (BatchNorma (None, 32, 32, 32)   128         input_1[0][0]

add (Add)                       (None, 32, 32, 32)   0           batch_normalization[0][0]
                                                                 input_1[0][0]

flatten (Flatten)               (None, 32768)        0           add[0][0]

dense (Dense)                   (None, 10)           327690      flatten[0][0]
=============================================================================
Total params: 327,818
Trainable params: 327,754
Non-trainable params: 64
```

图 7.6 打印结果

可以看到,程序构建了一个小型残差网络,与前面打印的模型结构不同的是,这里是多个类与层的串联,因此还标注出连接点。

7.2 ResNet 实战:CIFAR-100 数据集分类

本节将使用 ResNet 实现 CIFAR-100 数据集的分类。

7.2.1 CIFAR-100 数据集简介

CIFAR-100 数据集共有 60000 张彩色图像（见图 7.7），这些图像是 32×32 像素，分为 100 个类，每类 6000 张图。这里面有 50000 张用于训练，构成了 5 个训练批，每一批 10000 张图；另外 10000 张用于测试，单独构成一批。测试批的数据取自 100 类中的每一类，每一类随机取 1000 张。抽剩下的随机排列组成训练批。注意，一个训练批中的各类图像数量并不一定相同，总的来看训练批每一类都有 5000 张图。

图 7.7 CIFAR-100 数据集

CIFAR-100 数据集的下载地址为 http://www.cs.toronto.edu/~kriz/cifar.html。进入下载页面后，选择下载方式，如图 7.8 所示。

Version	Size	md5sum
CIFAR-100 python version	161 MB	eb9058c3a382ffc7106e4002c42a8d85
CIFAR-100 Matlab version	175 MB	6a4bfa1dcd5c9453dda6bb54194911f4
CIFAR-100 binary version (suitable for C programs)	161 MB	03b5dce01913d631647c71ecec9e9cb8

图 7.8 下载方式

由于 TensorFlow 采用的是 Python 编程语言，因此选择下载 python version 的版本。下载之后解压缩，得到如图 7.9 所示的几个文件。

```
batches.meta    2009/3/31/周二...   META 文件          1 KB
data_batch_1    2009/3/31/周二...   文件            30,309 KB
data_batch_2    2009/3/31/周二...   文件            30,308 KB
data_batch_3    2009/3/31/周二...   文件            30,309 KB
data_batch_4    2009/3/31/周二...   文件            30,309 KB
data_batch_5    2009/3/31/周二...   文件            30,309 KB
readme.html     2009/6/5/周五 4:... Firefox HTML D...   1 KB
test_batch      2009/3/31/周二...   文件            30,309 KB
```

图 7.9　得到的文件

data_batch_1 ~ data_batch_5 是划分好的训练数据，每个文件里包含 10000 张图片；test_batch 是测试集数据，也包含10000 张图片。

读取数据的代码段如下：

```
import pickle
def load_file(filename):
    with open(filename, 'rb') as fo:
        data = pickle.load(fo, encoding='latin1')
    return data
```

首先定义读取数据的函数，这几个文件都是通过 pickle 产生的，所以在读取的时候也要用到这个包。返回的 data 是一个字典，先看一下这个字典里面有哪些键：

```
data = load_file('data_batch_1')
print(data.keys())
```

输出结果如下：

dict_keys(['batch_label', 'labels', 'data', 'filenames'])

- batch_label：对应的值是一个字符串，用来表明当前文件的一些基本信息。
- labels：对应的值是一个长度为10000的列表，每个数字的取值范围为0~9，代表当前图片所属的类别。
- data：10000×3072 的二维数组，每一行代表一张图片的像素值。
- filenames：长度为10000的列表，里面的项是代表图片文件名的字符串。

完整的数据读取函数如下：

【程序7-7】

```
import pickle
import numpy as np
import os
def get_cifar100_train_data_and_label(root = ""):
    def load_file(filename):
        with open(filename, 'rb') as fo:
            data = pickle.load(fo, encoding='latin1')
```

```python
            return data
        data_batch_1 = load_file(os.path.join(root, 'data_batch_1'))
        data_batch_2 = load_file(os.path.join(root, 'data_batch_2'))
        data_batch_3 = load_file(os.path.join(root, 'data_batch_3'))
        data_batch_4 = load_file(os.path.join(root, 'data_batch_4'))
        data_batch_5 = load_file(os.path.join(root, 'data_batch_5'))
        dataset = []
        labelset = []
        for data in [data_batch_1,data_batch_2,data_batch_3,data_batch_4,data_batch_5]:
            img_data = (data["data"])
            img_label = (data["labels"])
            dataset.append(img_data)
            labelset.append(img_label)
        dataset = np.concatenate(dataset)
        labelset = np.concatenate(labelset)
        return dataset,labelset
    def get_cifar100_test_data_and_label(root = ""):
        def load_file(filename):
            with open(filename, 'rb') as fo:
                data = pickle.load(fo, encoding='latin1')
            return data
        data_batch_1 = load_file(os.path.join(root, 'test_batch'))
        dataset = []
        labelset = []
        for data in [data_batch_1]:
            img_data = (data["data"])
            img_label = (data["labels"])
            dataset.append(img_data)
            labelset.append(img_label)
        dataset = np.concatenate(dataset)
        labelset = np.concatenate(labelset)
        return dataset,labelset

    def get_CIFAR100_dataset(root = ""):
        train_dataset,label_dataset = get_cifar100_train_data_and_label(root=root)
        test_dataset,test_label_dataset = get_cifar100_train_data_and_label(root=root)
        return  train_dataset,label_dataset,test_dataset,test_label_dataset
    if __name__ == "__main__":
    get_CIFAR100_dataset(root="../cifar-10-batches-py/")
```

其中的 root 函数是下载数据解压后的根目录，os.join 函数将其组合成数据文件的位置。最终返回训练文件和测试文件及它们对应的 label。

7.2.2 ResNet 残差模块的实现

在上文已经介绍了 ResNet 网络结构，它突破性地使用"模块化"思维去对网络进行叠加，从而实现了数据在模块内部特征的传递不会丢失。

从图 7.10 可以看到，模块的内部实际上是 3 个卷积通道相互叠加，形成了一种瓶颈设计。对于每个残差模块，使用3层卷积。这三层分别是1×1、3×3和1×1的卷积层，其中1×1 层是负责先减少后增加（恢复）尺寸的，使3×3 层具有较小的输入/输出尺寸瓶颈。

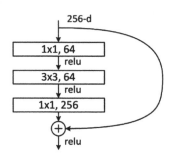

图 7.10　模块的内部

实现的瓶颈三层卷积结构的代码段如下：

```
conv = tf.keras.layers.Conv2D(out_dim/4,kernel_size=1,padding="SAME",
activation=tf.nn.relu)(input_xs)
conv = tf.keras.layers.BatchNormalization()(conv)
conv = tf.keras.layers.Conv2D(out_dim/4,kernel_size=3,padding="SAME",
activation=tf.nn.relu)(conv)
conv = tf.keras.layers.BatchNormalization()(conv)
conv = tf.keras.layers.Conv2D(out_dim,kernel_size=1,padding="SAME",
activation=tf.nn.relu)(conv)
```

代码中输入的数据首先经过 conv2d 卷积层计算，输出的维度为四分之一的输出维度，这是为了降低输入数据的整个数据量，为进行下一层的[3,3]计算打下基础。可以人为地为每层添加一个对应的名称，但是基于前文对模型的分析，Keras 会自动为每个层中的参数分配一个递增的名称，因此这个工作可以交给 Keras 自动完成。batch_normalization 和 relu 分别为批处理层和激活层。

在数据传递的过程中，ResNet 模块使用了名为"shortcut"的"信息高速公路"，shortcut 连接相当于简单执行了同等映射，既不会产生额外的参数，也不会增加计算复杂度，如图 7.11 所示。整个网络依旧可以通过端到端的反向传播训练。代码如下：

```
conv = tf.keras.layers.Conv2D(out_dim/4,kernel_size=1,padding="SAME",
activation=tf.nn.relu)(input_xs)
conv = tf.keras.layers.BatchNormalization()(conv)
conv = tf.keras.layers.Conv2D(out_dim/4,kernel_size=3,padding="SAME",
activation=tf.nn.relu)(conv)
```

```
    conv = tf.keras.layers.BatchNormalization()(conv)
    conv = tf.keras.layers.Conv2D(out_dim,kernel_size=1,padding="SAME",
activation=tf.nn.relu)(conv)
    out = tf.keras.layers.Add()([input_xs,out])
```

图 7.11 shortcut（捷径）

> **说　明**
>
> 有兴趣的读者可以自行完成，这里笔者采用的是直联的方式，也就是 a 的 original 模式。

有的时候除了判定是否对输入数据进行处理外，由于 ResNet 在实现过程中对数据的维度做了改变，因此当输入的维度和要求模型输出的维度不相同时，即 input_channel 不等于 out_dim 时，需要对输入数据的维度进行 padding（填充）操作。

> **提　醒**
>
> padding 操作就是填充数据。tf.pad 函数用来对数据进行填充，第二个参数是一个序列，分别代表向对应的维度进行双向填充操作。首先计算输出层与输入层在第四个维度上的差值，除 2 的操作是将差值分成 2 份，在上下分别进行填充操作。当然也可以在一个方向进行填充操作。

ResNet 残差模型的整体如下：

```
def identity_block(input_tensor,out_dim):
    conv1 = tf.keras.layers.Conv2D(out_dim // 4, kernel_size=1, padding="SAME",
activation=tf.nn.relu)(input_tensor)
```

```
        conv2 = tf.keras.layers.BatchNormalization()(conv1)
        conv3 = tf.keras.layers.Conv2D(out_dim // 4, kernel_size=3, padding="SAME",
activation=tf.nn.relu)(conv2)
        conv4 = tf.keras.layers.BatchNormalization()(conv3)
        conv5 = tf.keras.layers.Conv2D(out_dim, kernel_size=1,
padding="SAME")(conv4)
        out = tf.keras.layers.Add()([input_tensor, conv5])
        out = tf.nn.relu(out)
        return out
```

7.2.3 ResNet 网络的实现

ResNet 的结构如图 7.12 所示。

layer name	output size	18-layer	34-layer	50-layer	101-layer	152-layer
conv1	112×112	7×7, 64, stride 2				
conv2_x	56×56	3×3 max pool, stride 2				
		$\begin{bmatrix}3\times3, 64\\3\times3, 64\end{bmatrix}\times2$	$\begin{bmatrix}3\times3, 64\\3\times3, 64\end{bmatrix}\times3$	$\begin{bmatrix}1\times1, 64\\3\times3, 64\\1\times1, 256\end{bmatrix}\times3$	$\begin{bmatrix}1\times1, 64\\3\times3, 64\\1\times1, 256\end{bmatrix}\times3$	$\begin{bmatrix}1\times1, 64\\3\times3, 64\\1\times1, 256\end{bmatrix}\times3$
conv3_x	28×28	$\begin{bmatrix}3\times3, 128\\3\times3, 128\end{bmatrix}\times2$	$\begin{bmatrix}3\times3, 128\\3\times3, 128\end{bmatrix}\times4$	$\begin{bmatrix}1\times1, 128\\3\times3, 128\\1\times1, 512\end{bmatrix}\times4$	$\begin{bmatrix}1\times1, 128\\3\times3, 128\\1\times1, 512\end{bmatrix}\times4$	$\begin{bmatrix}1\times1, 128\\3\times3, 128\\1\times1, 512\end{bmatrix}\times8$
conv4_x	14×14	$\begin{bmatrix}3\times3, 256\\3\times3, 256\end{bmatrix}\times2$	$\begin{bmatrix}3\times3, 256\\3\times3, 256\end{bmatrix}\times6$	$\begin{bmatrix}1\times1, 256\\3\times3, 256\\1\times1, 1024\end{bmatrix}\times6$	$\begin{bmatrix}1\times1, 256\\3\times3, 256\\1\times1, 1024\end{bmatrix}\times23$	$\begin{bmatrix}1\times1, 256\\3\times3, 256\\1\times1, 1024\end{bmatrix}\times36$
conv5_x	7×7	$\begin{bmatrix}3\times3, 512\\3\times3, 512\end{bmatrix}\times2$	$\begin{bmatrix}3\times3, 512\\3\times3, 512\end{bmatrix}\times3$	$\begin{bmatrix}1\times1, 512\\3\times3, 512\\1\times1, 2048\end{bmatrix}\times3$	$\begin{bmatrix}1\times1, 512\\3\times3, 512\\1\times1, 2048\end{bmatrix}\times3$	$\begin{bmatrix}1\times1, 512\\3\times3, 512\\1\times1, 2048\end{bmatrix}\times3$
	1×1	average pool, 1000-d fc, softmax				
FLOPs		1.8×10^9	3.6×10^9	3.8×10^9	7.6×10^9	11.3×10^9

图 7.12　ResNet 的结构

上面一共提出了 5 种深度的 ResNet，分别是 18、34、50、101 和 152，其中所有的网络都分成 5 部分，分别是 conv1、conv2_x、conv3_x、conv4_x、conv5_x。

下面我们将实现它们。需要说明的是，ResNet 完整的实现需要较高性能的显卡，因此我们对其做了修改，去掉了 pooling 层，并降低了每次 filter 的数目和每层的层数，这一点请读者注意。

（1）conv_1：最上层是模型的输入层，定义了输入的维度，这里使用一个卷积核为[7,7]、步进为[2,2]大小的卷积作为第一层。

```
input_xs = tf.keras.Input(shape=[32,32,3])
conv_1 = tf.keras.layers.Conv2D(filters=64,kernel_size=3,padding="SAME",
activation=tf.nn.relu)(input_xs)
```

（2）conv_2：第二层使用多个[3,3]大小的卷积核，之后接了 3 个残差核心。

```
out_dim = 64
identity_1 = tf.keras.layers.Conv2D(filters=out_dim, kernel_size=3,
```

```
padding="SAME", activation=tf.nn.relu)(conv_1)
    identity_1 = tf.keras.layers.BatchNormalization()(identity_1)
    for _ in range(3):
    identity_1 = identity_block(identity_1,out_dim)
```

(3) conv_3:

```
    out_dim = 128
    identity_2 = tf.keras.layers.Conv2D(filters=out_dim, kernel_size=3,
padding="SAME", activation=tf.nn.relu)(identity_1)
    identity_2 = tf.keras.layers.BatchNormalization()(identity_2)
    for _ in range(4):
    identity_2 = identity_block(identity_2,out_dim)
```

(4) conv_4:

```
    out_dim = 256
    identity_3 = tf.keras.layers.Conv2D(filters=out_dim, kernel_size=3,
padding="SAME", activation=tf.nn.relu)(identity_2)
    identity_3 = tf.keras.layers.BatchNormalization()(identity_3)
    for _ in range(6):
    identity_3 = identity_block(identity_3,out_dim)
```

(5) conv_5:

```
    out_dim = 512
    identity_4 = tf.keras.layers.Conv2D(filters=out_dim, kernel_size=3,
padding="SAME", activation=tf.nn.relu)(identity_3)
    identity_4 = tf.keras.layers.BatchNormalization()(identity_4)
    for _ in range(3):
    identity_4 = identity_block(identity_4,out_dim)
```

(6) class_layer：最后一层是分类层。在经典的 ResNet 中，它是由一个全连接层做的分类器，代码如下：

```
    flat = tf.keras.layers.Flatten()(identity_4)
    flat = tf.keras.layers.Dropout(0.217)(flat)
    dense = tf.keras.layers.Dense(1024,activation=tf.nn.relu)(flat)
    dense = tf.keras.layers.BatchNormalization()(dense)
    logits = tf.keras.layers.Dense(100,activation=tf.nn.softmax)(dense)
```

首先使用 reduce_mean 作为全局池化层，之后接的卷积层将其压缩到分类的大小。softmax 是最终的激活函数，为每层对应的类别进行分类处理。

最终的全部函数如下所示：

```
import tensorflow as tf
def identity_block(input_tensor,out_dim):
    conv1 = tf.keras.layers.Conv2D(out_dim // 4, kernel_size=1, padding="SAME",
activation=tf.nn.relu)(input_tensor)
```

```python
        conv2 = tf.keras.layers.BatchNormalization()(conv1)
        conv3 = tf.keras.layers.Conv2D(out_dim // 4, kernel_size=3, padding="SAME", activation=tf.nn.relu)(conv2)
        conv4 = tf.keras.layers.BatchNormalization()(conv3)
        conv5 = tf.keras.layers.Conv2D(out_dim, kernel_size=1, padding="SAME")(conv4)
        out = tf.keras.layers.Add()([input_tensor, conv5])
        out = tf.nn.relu(out)
        return out
    def resnet_Model(n_dim = 10):
        input_xs = tf.keras.Input(shape=[32,32,3])
        conv_1 = tf.keras.layers.Conv2D(filters=64,kernel_size=3,padding="SAME", activation=tf.nn.relu)(input_xs)
        """--------第一层----------"""
        out_dim = 64
        identity_1 = tf.keras.layers.Conv2D(filters=out_dim, kernel_size=3, padding="SAME", activation=tf.nn.relu)(conv_1)
        identity_1 = tf.keras.layers.BatchNormalization()(identity_1)
        for _ in range(3):
            identity_1 = identity_block(identity_1,out_dim)
        """--------第二层----------"""
        out_dim = 128
        identity_2 = tf.keras.layers.Conv2D(filters=out_dim, kernel_size=3, padding="SAME", activation=tf.nn.relu)(identity_1)
        identity_2 = tf.keras.layers.BatchNormalization()(identity_2)
        for _ in range(4):
            identity_2 = identity_block(identity_2,out_dim)
        """--------第三层----------"""
        out_dim = 256
        identity_3 = tf.keras.layers.Conv2D(filters=out_dim, kernel_size=3, padding="SAME", activation=tf.nn.relu)(identity_2)
        identity_3 = tf.keras.layers.BatchNormalization()(identity_3)
        for _ in range(6):
            identity_3 = identity_block(identity_3,out_dim)
        """--------第四层----------"""
        out_dim = 512
        identity_4 = tf.keras.layers.Conv2D(filters=out_dim, kernel_size=3, padding="SAME", activation=tf.nn.relu)(identity_3)
        identity_4 = tf.keras.layers.BatchNormalization()(identity_4)
        for _ in range(3):
            identity_4 = identity_block(identity_4,out_dim)
        flat = tf.keras.layers.Flatten()(identity_4)
        flat = tf.keras.layers.Dropout(0.217)(flat)
        dense = tf.keras.layers.Dense(2048,activation=tf.nn.relu)(flat)
        dense = tf.keras.layers.BatchNormalization()(dense)
```

```
        logits = tf.keras.layers.Dense(100,activation=tf.nn.softmax)(dense)
        model = tf.keras.Model(inputs=input_xs, outputs=logits)
        return model
if __name__ == "__main__":
    resnet_model = resnet_Model()
    print(resnet_model.summary())
```

7.2.4 使用 ResNet 对 CIFAR-100 数据集进行分类

TensorFlow 中自带了相关的数据集 CIFAR-100。本小节将使用 TensorFlow 自带的数据集对 CIFAR-100 进行分类。

1. 数据集的获取

CIFAR-100 数据集可以放在本地，TensorFlow 2.2 自带了数据的读取函数，代码如下：

```
path = "./dataset/CIFAR100-python"
from tensorflow.python.keras.datasets.cifar import load_batch
fpath = os.path.join(path, 'train')
x_train, y_train = load_batch(fpath, label_key='fine' + '_labels')
fpath = os.path.join(path, 'test')
x_test, y_test = load_batch(fpath, label_key='fine' + '_labels')

x_train = tf.transpose(x_train,[0,2,3,1])
y_train = np.float32(tf.keras.utils.to_categorical(y_train,
num_classes=100))
x_test = tf.transpose(x_test,[0,2,3,1])
y_test = np.float32(tf.keras.utils.to_categorical(y_test,num_classes=100))
```

需要注意的是，对于不同的数据集，其维度的结构有所区别。此外，数据集打印的维度为(60000,3,32,32)，并不符合传统使用的(60000,32,32,3)的普通维度格式，因此需要对其进行调整。

之后，需要将数据打包整合成能够被编译的格式，这里使用的是 Keras 自带的 Dataset API，代码如下：

```
batch_size = 48
train_data = tf.data.Dataset.from_tensor_slices((x_train,y_train)).
shuffle(batch_size*10).
    batch(batch_size).repeat(3)
```

2. 模型的导入和编译

导入模型，并设定优化器和损失函数，代码如下：

```
import resnet_model
model = resnet_model.resnet_Model()
model.compile(optimizer=tf.optimizers.Adam(1e-2),
```

```
loss=tf.losses.categorical_crossentropy,metrics = ['accuracy'])
    model.fit(train_data, epochs=10)
```

3. 模型的计算

全部代码如下所示:

【程序7-8】

```
import tensorflow as tf
import os
import numpy as np
path = "./dataset/CIFAR100-python"
from tensorflow.python.keras.datasets.cifar import load_batch
fpath = os.path.join(path, 'train')
x_train, y_train = load_batch(fpath, label_key='fine' + '_labels')
fpath = os.path.join(path, 'test')
x_test, y_test = load_batch(fpath, label_key='fine' + '_labels')
x_train = tf.transpose(x_train,[0,2,3,1])
y_train = np.float32(tf.keras.utils.to_categorical(y_train, num_classes=100))
x_test = tf.transpose(x_test,[0,2,3,1])
y_test = np.float32(tf.keras.utils.to_categorical(y_test,num_classes=100))
batch_size = 48
train_data = tf.data.Dataset.from_tensor_slices((x_train,y_train)).shuffle(batch_size*10).batch(batch_size).repeat(3)
import resnet_model
model = resnet_model.resnet_Model()
model.compile(optimizer=tf.optimizers.Adam(1e-2),
loss=tf.losses.categorical_crossentropy,metrics = ['accuracy'])
model.fit(train_data, epochs=10)
score = model.evaluate(x_test, y_test)
print("last score:",score)
```

根据不同的硬件设备，模型的参数和训练集的batch_size都需要做出调整，具体数值请根据需要对它们做设置。

7.3 ResNet 的兄弟——ResNeXt

大家对一层一层堆叠的网络形成思维惯性的时候，shortcut（捷径）的思想是跨越性的。即使网络层级叠加到 100 层，运算量也和 16 层的 VGG 相差不多，精度却提高了一个档次，而且模块性、可移植性很强。

7.3.1 ResNeXt 诞生的背景

随着研究的深入以及 ResNet 层次的加深，研究人员开始在增加网络的"宽度"方面进行探究。神经网络的标准范式就符合这样的"分割—转换—合并"（split-transform-merge）模式。以一个最简单的普通神经元为例（比如 dense 中的每个神经元），如图 7.13 所示。

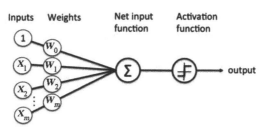

图 7.13 神经元

简单解释一下，就是对输入的数据进行权重乘积，求和后经过一个激活函数，因此神经网络又可以用公式表示为：

$$f(x) = \sum_{n=1}^{m} w(x_i)$$

ResNet 的公式表示为：

$$w(x) = x + \sum_{n=1}^{n} T(x_i)$$

公式中，T 函数理解为 ResNet 中的任意通路"模块"，x 为数据的 shortcut，n 为模块中通路的个数，shortcut 与通路模块共同构成了一个完整的"残差单元"，如图 7.14 所示。

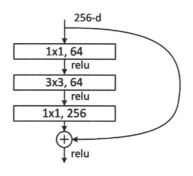

图 7.14 残差单元

可以简单地理解为，随着 n 的增加，"通路"增加能够带来方程 $w(x)$ 值的增加，即使单个增加的幅度很小，求和后也一样可以带来效果的改善，即在每个 ResNet 模块中增加通路个数。这也是 ResNeXt 产生的初衷。

在图 7.15 中，左边是 ResNet 的基本结构，右边是 ResNeXt 的基本结构。

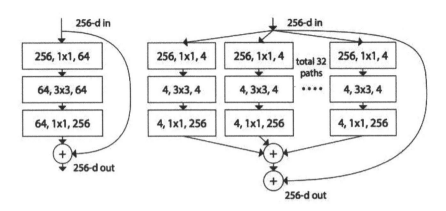

图 7.15　ResNet 和 ResNeXt 的基本结构

$w(x)$ 是 32 组同样结构的变化，求和以后与输入端的 shortcut 进行二次叠加，如图 7.16 所示。

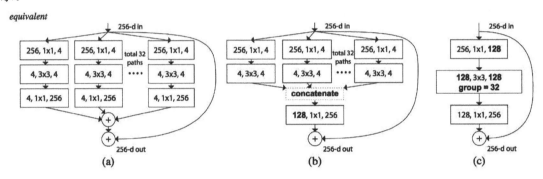

图 7.16　二次叠加

更进一步对 ResNeXt 做改进，如果将输入的[1,1]卷积层合并在一起，减少通道数，最终还是形成了经典的 ResNet 结构，因此也可以认为经典的 ResNet 就是 ResNeXt 的一个特殊结构。

7.3.2　ResNeXt 残差模块的实现

ResNeXt 实际上就是更换了更具有普遍性的残差模块的 ResNet，而残差模块的更改实质上是将一个连接通道在模块内部增加为 32 个，这里我们使用图 7.17 中所示的模型架构实现 ResNeXt。

实现步骤拆解如下：

（1）对输入数据的划分

TensorFlow 提供了数据分块函数 split，代码如下：

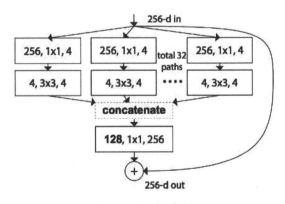

图 7.17　模型架构

```
input_tensor_list = tf.split(input_tensor, num_or_size_splits=64, axis=3)
```
这里先将输入的数据进行划分：

[batch,img_H,img_W,256] ➔ [batch,img_H,img_W,32]

num_or_size_splits 对划分的参数进行设置，value 是输入值，axis 确定了划分的数据维度。

（2）将输入后的数据输送到卷积层开始卷积计算

代码如下：

```
def conv_fun(input_tensor):
    out = tf.keras.layers.Conv2D(4, 3, padding="SAME",activation=tf.nn.relu)(input_tensor)
    out = tf.keras.layers.BatchNormalization()(out)
    return out
out_list = list(map(conv_fun, input_tensor_list))
```

这里采用的是 map 函数，在每个卷积分块上做 [3,3] 大小的卷积，并加上 batch_normalization 和 relu 层。

（3）将计算后的卷积层进行重新叠加

叠加选择的是第四个维度，即第一步拆分的维度，代码如下：

```
out = tf.concat(out_list, axis=-1)
```

这样就重新将数据组合起来了。

完整残差模块代码如下：

```
def identity_block(input_tensor):
    input_tensor_list = tf.split(input_tensor, num_or_size_splits=64, axis=3)
    def conv_fun(input_tensor):
        out = tf.keras.layers.Conv2D(4, 3, padding="SAME", activation=tf.nn.relu)(input_tensor)
        out = tf.keras.layers.BatchNormalization()(out)
        return out
    out_list = list(map(conv_fun, input_tensor_list))
    out = tf.concat(out_list, axis=-1)
    out = tf.keras.layers.Add()([out, input_tensor])
    return out
```

在对输入数据进行分解的时候，我们使用 split 函数直接对第四维进行拆解。有兴趣的读者可以在此步调整转换方法，即提供一个卷积来对数据维度进行降解。

7.3.3 ResNeXt 网络的实现

仿照 ResNet，ResNeXt 也是使用叠加残差模块的基本结构，对每个层级都做相同的转换，如图 7.18 所示。

stage	output	ResNet-50	ResNeXt-50 (32×4d)
conv1	112×112	7×7, 64, stride 2	7×7, 64, stride 2
conv2	56×56	3×3 max pool, stride 2 [1×1, 64 3×3, 64 1×1, 256] ×3	3×3 max pool, stride 2 [1×1, 128 3×3, 128, C=32 1×1, 256] ×3
conv3	28×28	[1×1, 128 3×3, 128 1×1, 512] ×4	[1×1, 256 3×3, 256, C=32 1×1, 512] ×4
conv4	14×14	[1×1, 256 3×3, 256 1×1, 1024] ×6	[1×1, 512 3×3, 512, C=32 1×1, 1024] ×6
conv5	7×7	[1×1, 512 3×3, 512 1×1, 2048] ×3	[1×1, 1024 3×3, 1024, C=32 1×1, 2048] ×3
	1×1	global average pool 1000-d fc, softmax	global average pool 1000-d fc, softmax
# params.		25.5×10^6	25.0×10^6
FLOPs		4.1×10^9	4.2×10^9

图 7.18 叠加残差模块

这里仿照 ResNet 的方法对残差模块进行叠加计算，主要有 4 个模块，依次对四个维度进行提升。限于篇幅关系，这里只实现一个小的 ResNeXt 网络，剩下的部分请读者自行补全。

代码如下：

```python
import tensorflow as tf
def identity_block(input_tensor):
    input_tensor_list = tf.split(input_tensor, num_or_size_splits=64, axis=3)

    def conv_fun(input_tensor):
        out = tf.keras.layers.Conv2D(4, 3, padding="SAME", activation=tf.nn.relu)(input_tensor)
        out = tf.keras.layers.BatchNormalization()(out)
        return out

    out_list = list(map(conv_fun, input_tensor_list))
    out = tf.concat(out_list, axis=-1)
    out = tf.keras.layers.Add()([out, input_tensor])
    return out

def resnetXL_Model():
    input_xs = tf.keras.Input(shape=[32,32,3])
    conv_1 = tf.keras.layers.Conv2D(filters=64,kernel_size=3,padding="SAME", activation=tf.nn.relu)(input_xs)

    """--------第一层----------"""
    out_dim = 256
```

```
    identity = tf.keras.layers.Conv2D(filters=out_dim, kernel_size=3,
padding="SAME", activation=tf.nn.relu)(conv_1)
    identity = tf.keras.layers.BatchNormalization()(identity)
    for _ in range(7):
        identity = identity_block(identity)

    """--------第二层----------"""
    ……

    """--------第三层----------"""
    ……

    conv = tf.keras.layers.Conv2D(100,kernel_size=32,activation=
tf.nn.relu)(identity)
    logits = tf.nn.softmax(tf.squeeze(conv,[1,2]))

    model = tf.keras.Model(inputs=input_xs, outputs=logits)

    return model
```

上面只写了第一层的实现，更多层数的实现可参照 ResNet 模型完成。

7.3.4 ResNeXt 和 ResNet 的比较

通过实验对比 ResNeXt 和 ResNet(见图 7.19)，发现无论是在 50 层还是 101 层，ResNeXt 的准确度都大大好于 ResNet。这里我们总结一下相关的结论：

- ResNeXt 与 ResNet 在参数个数相同的情况下，训练时前者错误率更低，但下降速度差不多。
- 相同参数情况下，增加残差模块比增加卷积个数更加有效。
- 101 层的 ResNeXt 比 200 层的 ResNet 更好。

图 7.19 对比 ResNeXt 和 ResNet

7.4 本章小结

本章是一个起点,让读者站在巨人的肩膀上,从冠军开始!

ResNet 和 ResNeXt 开创了一个时代,开天辟地地改变人们仅仅依靠堆积神经网络层来获取更高性能的做法,在一定程度上解决了梯度消失和梯度爆炸的问题。这是一项跨时代的发明。

当简单的堆积神经网络层的做法失效时,人们开始采用模块化的思想设计网络,同时在不断"加宽"模块的内部通道。当这些能够做的方法被挖掘穷尽后有没有新的方法能够更进一步提升卷积神经网络的效果呢?

第 8 章

Keras 实战——有趣的词嵌入

词嵌入（Word Embedding，也称为词向量）是什么？为什么要进行词嵌入？在深入了解前，先看几个例子：

- 在购买商品或者入住酒店后，会邀请顾客填写相关的评价来表明对服务的满意程度。
- 使用几个词在搜索引擎上搜一下。
- 有些博客网站会在博客下面标记一些相关的tag标签。

实际上这是文本处理后的应用，目的是用这些文本去作情绪分析、同义词聚类、文章分类和打标签。

大家在读文章或者评论的时候可以准确地说出这篇文章大致讲了什么、评论的倾向如何，但是电脑是怎么做到的呢？电脑可以匹配字符串，然后告诉我们是否与输入的字符串相同，但是怎么能让电脑在我们搜索"梅西"的时候告诉我们有关足球或者皮耶罗的事情呢？

词嵌入由此诞生，它就是对文本的数字表示。通过其表示和计算可以很容易地使电脑得到如下的公式：

$$梅西 - 阿根廷 + 意大利 = 皮耶罗$$

本章将着重介绍词嵌入的相关内容，首先通过多种计算词嵌入的方式循序渐进地讲解如何获取对应的词嵌入，之后的实战使用词嵌入进行文本分类。

8.1 文本数据处理

无论是使用深度学习还是传统的自然语言处理方式，一个非常重要的内容就是将自然语言转换成计算机可以识别的特征向量。文本的预处理就是如此，通过文本分词–词嵌入训练–特征词抽取这几个主要步骤后组建能够代表文本内容的矩阵向量。

8.1.1 数据集和数据清洗

新闻分类数据集"AG"是由学术社区ComeToMyHead提供的，是从2000多不同的新闻来源搜集的超过一百万的新闻文章，用于研究分类、聚类、信息获取（rank、搜索）等非商业活动。在此基础上Xiang Zhang 为了研究需要从中提取127600个样本，其中的120000个样本作为训练集、7600个样本作为测试集。按以下4类进行分类：

- World
- Sports
- Business
- Sci/Tec

数据集一般是用csv文件存储的，打开后格式如图8.1所示。

图8.1 Ag_news数据集

第1列是新闻分类，第2列是新闻标题，第3列是新闻的正文部分，使用","和"."作为断句的符号。

由于拿到的数据集是由社区自动化存储和收集的，因此无可避免地存有大量的数据杂质：

```
Reuters - Was absenteeism a little high\on Tuesday among the guys at the office?
EA Sports would like\to think it was because "Madden NFL 2005" came out that day,\and
some fans of the football simulation are rabid enough to\take a sick day to play
it.
Reuters - A group of technology companies\including Texas Instruments Inc.
(TXN.N), STMicroelectronics\(STM.PA) and Broadcom Corp. (BRCM.O), on Thursday said
they\will propose a new wireless networking standard up to 10 times\the speed of
the current generation.
```

（1）数据的读取与存储

数据集的存储格式为csv，需要按列队数据进行读取，代码如下：

第 8 章 Keras 实战——有趣的词嵌入

【程序8-1】

```
import csv
agnews_train = csv.reader(open("./dataset/train.csv","r"))
for line in agnews_train:
    print(line)
```

输入结果如图 8.2 所示。

```
['2', 'Sharapova wins in fine style', 'Maria Sharapova and Amelie Mauresmo opened their challenges at the WTA Champ
['2', 'Leeds deny Sainsbury deal extension', 'Leeds chairman Gerald Krasner has laughed off suggestions that he has
['2', 'Rangers ride wave of optimism', 'IT IS doubtful whether Alex McLeish had much time eight weeks ago to dwell
['2', 'Washington-Bound Expos Hire Ticket Agency', 'WASHINGTON Nov 12, 2004 - The Expos cleared another logistical
['2', 'NHL #39;s losses not as bad as they say: Forbes mag', 'NEW YORK - Forbes magazine says the NHL #39;s financia
['1', 'Resistance Rages to Lift Pressure Off Fallujah', 'BAGHDAD, November 12 (IslamOnline.net  amp; News Agencies)
```

图 8.2 Ag_news 中的数据形式

读取的 train 中的每行数据内容被默认以逗号分隔，按列依次存储在序列不同的位置中。为了分类方便，可以使用不同的数组将数据按类别进行存储。当然，也可以根据需要使用 pandas。为了后续操作和运算速度，这里主要使用 Python 原生函数和 NumPy 进行计算。

【程序8-2】

```
import csv
agnews_label = []
agnews_title = []
agnews_text = []
agnews_train = csv.reader(open("./dataset/train.csv","r"))
for line in agnews_train:
    agnews_label.append(line[0])
    agnews_title.append(line[1].lower())
    agnews_text.append(line[2].lower())
```

可以看到不同的内容被存储在不同的数组之中，为了统一行使，将所有的字母统一转换成小写便于后续的计算。

（2）文本的清洗

文本中除了常用的标点符号外，还包含大量的特殊字符，因此需要对文本进行清洗。

文本清洗的方法一般是使用正则表达式，可以匹配小写'a'至'z'、大写'A'至'Z'或者数字'0'到'9'的范围之外的所有字符，并用空格代替。这个方法无须指定所有标点符号，代码如下：

```
import re
text = re.sub(r"[^a-z0-9]"," ",text)
```

这里 re 是 Python 中对应正则表达式的 Python 包，字符串 "^" 的意义是求反，即只保留要求的字符而替换非要求保留的字符。通过更细一步的分析可以知道，文本清洗中除了将不需要的符号使用空格替换外，还产生了一个问题，即空格数目过多和在文本的首尾有空格残留，这样同样影响文本的读取，因此还需要对替换符号后的文本进行二次处理。

【程序8-3】

```python
import re
def text_clear(text):
    text = text.lower()                        #将文本转化成小写
    text = re.sub(r"[^a-z0-9]"," ",text)       #替换非标准字符，^是求反操作
    text = re.sub(r" +", " ", text)            #替换多重空格
    text = text.strip()                        #取出首尾空格
    text = text.split(" ")                     #对句子按空格分隔
    return text
```

由于加载了新的数据清洗工具，因此在读取数据时可以使用自定义的函数将文本信息处理后存储，代码如下：

【程序8-4】

```python
import csv
import tools
import numpy as np
agnews_label = []
agnews_title = []
agnews_text = []
agnews_train = csv.reader(open("./dataset/train.csv","r"))
for line in agnews_train:
    agnews_label.append(np.float32(line[0]))
    agnews_title.append(tools.text_clear(line[1]))
    agnews_text.append(tools.text_clear(line[2]))
```

这里使用了额外的包和 NumPy 函数对数据进行处理，因此可以获得处理后较为干净的数据，如图 8.3 所示。

```
pilots union at united makes pension deal
quot us economy growth to slow down next year quot
microsoft moves against spyware with giant acquisition
aussies pile on runs
manning ready to face ravens 39 aggressive defense
gambhir dravid hit tons as india score 334 for two night lead
croatians vote in presidential elections mesic expected to win second term afp
nba wrap heat tame bobcats to extend winning streak
historic turkey eu deal welcomed
```

图 8.3　清理后的 Ag_news 数据

8.1.2　停用词的使用

观察分好词的文本集，每组文本中除了能够表达含义的名词和动词外，还有大量没有意义的副词，例如'is'，' are '，'the'等。这些词的存在并不会给句子增加太多含义，反而会由于频率非常多而影响后续的词嵌入分析。为了减少要处理的词汇量、降低后续程序的复杂度，需要清除停用词。清除停用词一般用的是 NLTK 工具包，安装代码如下：

```
conda install nltk
```

除了安装 NLTK 外，还有一个非常重要的内容——仅仅依靠安装 NLTK 并不能够使用停用词，需要额外下载 NLTK 停用词包，建议通过控制端进入 NLTK，之后运行如图 8.4 所示的代码，打开 NLTK 的控制台（见图 8.5）。

图 8.4　安装 NLTK 并打开控制台

图 8.5　NLTK 控制台

在 Corpora 选项卡下选择 stopwords，单击 Download 按钮下载数据。下载后的验证方法如下：

```
stoplist = stopwords.words('english')
print(stoplist)
```

stoplist 将停用词获取到一个数组列表中，打印结果如图 8.6 所示。

```
['i', 'me', 'my', 'myself', 'we', 'our', 'ours', 'ourselves', 'you', "you're", "you've", "you'll", "you'd", 'your', 'yours',
'yourself', 'yourselves', 'he', 'him', 'his', 'himself', 'she', "she's", 'her', 'hers', 'herself', 'it', "it's", 'its', 'itself', 'they',
'them', 'their', 'theirs', 'themselves', 'what', 'which', 'who', 'whom', 'this', 'that', "that'll", 'these', 'those', 'am',
'is', 'are', 'was', 'were', 'be', 'been', 'being', 'have', 'has', 'had', 'having', 'do', 'does', 'did', 'doing', 'a', 'an', 'the',
'and', 'but', 'if', 'or', 'because', 'as', 'until', 'while', 'of', 'at', 'by', 'for', 'with', 'about', 'against', 'between', 'into',
'through', 'during', 'before', 'after', 'above', 'below', 'to', 'from', 'up', 'down', 'in', 'out', 'on', 'off', 'over', 'under',
'again', 'further', 'then', 'once', 'here', 'there', 'when', 'where', 'why', 'how', 'all', 'any', 'both', 'each', 'few',
'more', 'most', 'other', 'some', 'such', 'no', 'nor', 'not', 'only', 'own', 'same', 'so', 'than', 'too', 'very', 's', 't', 'can',
'will', 'just', 'don', "don't", 'should', "should've", 'now', 'd', 'll', 'm', 'o', 're', 've', 'y', 'ain', 'aren', "aren't", 'couldn',
"couldn't", 'didn', "didn't", 'doesn', "doesn't", 'hadn', "hadn't", 'hasn', "hasn't", 'haven', "haven't", 'isn', "isn't",
'ma', 'mightn', "mightn't", 'mustn', "mustn't", 'needn', "needn't", 'shan', "shan't", 'shouldn', "shouldn't",
'wasn', "wasn't", 'weren', "weren't", 'won', "won't", 'wouldn', "wouldn't"]
```

图 8.6　停用词数据

下面将停用词数据加载到文本清洁器中。除此之外，由于英文文本的特殊性，单词会具有不同的变形，例如后缀'ing'和'ed'可以丢弃、'ies'可以用'y'替换等。这样可能会变成不是完整词的词干，只要将这个词的所有形式都还原成同一个词干即可。NLTK 中对这部分词根还原的处理使用的函数为：

```
PorterStemmer().stem(word)
```

整体代码如下：

```
def text_clear(text):
    text = text.lower()                                    #将文本转化成小写
    text = re.sub(r"[^a-z0-9]"," ",text)                   #替换非标准字符，^是求反操作
    text = re.sub(r" +", " ", text)                        #替换多重空格
    text = text.strip()                                    #取出首尾空格
    text = text.split(" ")
    text = [word for word in text if word not in stoplist] #去除停用词
    text = [PorterStemmer().stem(word) for word in text]   #还原词干部分
    text.append("eos")                                     #添加结束符
    text = ["bos"] + text                                  #添加开始符
    return text
```

这样生成的最终结果如图 8.7 所示。

```
['baghdad', 'reuters', 'daily', 'struggle', 'dodge', 'bullets', 'bombings', 'enough', 'many', 'iraqis', 'face', 'freezing'
['abuja', 'reuters', 'african', 'union', 'said', 'saturday', 'sudan', 'started', 'withdrawing', 'troops', 'darfur', 'ahead
['beirut', 'reuters', 'syria', 'intense', 'pressure', 'quit', 'lebanon', 'pulled', 'security', 'forces', 'three', 'key',
['karachi', 'reuters', 'pakistani', 'president', 'pervez', 'musharraf', 'said', 'stay', 'army', 'chief', 'reneging', 'pled
['red', 'sox', 'general', 'manager', 'theo', 'epstein', 'acknowledged', 'edgar', 'renteria', 'luxury', '2005', 'red', 'sox
['miami', 'dolphins', 'put', 'courtship', 'lsu', 'coach', 'nick', 'saban', 'hold', 'comply', 'nfl', 'hiring', 'policy', 'i
```

图 8.7 生成的数据

相对于未处理过的文本，获取的是一个相对干净的文本数据。下面对文本的清洁处理步骤做个总结：

- **Tokenization**：对句子进行拆分，以单个词或者字符的形式存储。在文本清洁函数中，text.split函数执行的就是这个操作。
- **Normalization**：将词语正则化，lower函数和PorterStemmer函数做了此方面的工作，将字母转为小写和还原词干。
- **Rare word replacement**：对于稀疏性较低的词，将其进行替换，一般将词频小于5的替换成一个特殊的Token <UNK>。此法降噪并能减少字典的大小。本书由于训练集和测试集中的词语较为集中而没有使用这个步骤。
- **Add <BOS> <EOS>**：添加每个句子的开始和结束标识符。
- **Long Sentence Cut-Off or short Sentence Padding**：对过长的句子进行截取，对过短的句子进行补全。

由于模型的需要，笔者在处理的时候并没有完整地使用以上多个方面。在不同的项目中读者可以自行斟酌使用。

8.1.3 词向量训练模型 word2vec 的使用

word2vec（见图 8.8）是 Google 在 2013 年推出的一个 NLP 工具，特点是将所有的词向量化，这样词与词之间就可以定量地去度量它们之间的关系，挖掘词之间的联系。

图 8.8　word2vec 模型

用词向量来表示词并不是 word2vec 的首创，在很久之前就出现了。最早的词嵌入是很冗长的，维度大小为整个词汇表的大小，对于每个具体的词汇表中的词，将对应的位置置为 1。例如，由 5 个词组成的词汇表，词"Queen"的序号为 2，那么它的词向量就是 (0,1,0,0,0)(0,1,0,0,0)。同理，词"Woman"的词向量就是 (0,0,0,1,0)(0,0,0,1,0)。这种词向量的编码方式一般叫作 1-of-N representation 或者 one hot。

用独热编码（One-Hot Encoding）来表示词向量非常简单，但是有很多问题，最大的问题是词汇表一般都非常大，比如达到百万级别，这样每个词都用百万维的向量来表示基本是不可能的。这样的向量除了一个位置是 1、其余的位置全部都是 0，表达的效率不高。将其使用在卷积神经网络中会使网络难以收敛。

word2vec 是一种可以解决独热编码问题的方法，思路是通过训练将每个词都映射到一个较短的词向量上。所有的这些词向量就构成了向量空间，进而可以用普通的统计学的方法来研究词与词之间的关系。

1. word2vec 的具体训练方法

word2vec 的具体训练方法主要有 2 个部分：CBOW（Continuous Bag-of-Word）和 Skip-gram 模型。

（1）**CBOW 模型**：又称连续词袋模型，是一个三层神经网络。该模型的特点是输入已知上下文，输出对当前单词的预测，如图 8.9 所示。

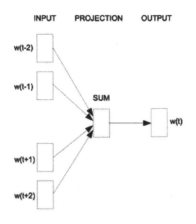

图 8.9 CBOW 模型

（2）**Skip-gram 模型**：与 CBOW 模型正好相反，是由当前词预测上下文词，如图 8.10 所示。

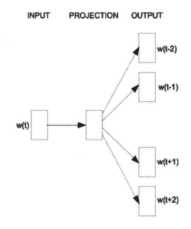

图 8.10 Skip-gram 模型

对于 word2vec 更为细节的训练模型和训练方式，这里不做讨论。这里将主要介绍如何训练一个可以获得和使用的 word2vec 向量。

2. 使用gensim包对数据进行训练

对于词向量的模型训练有很多种方法，最为简单的是使用 Python 工具包中的 gensim 包对数据进行训练。

（1）训练 word2vec 模型

第一步是对词模型进行训练，代码非常简单：

```
from gensim.models import word2vec          #导入gensim包
#设置训练参数
model = word2vec.Word2Vec(agnews_text,size=64, min_count = 0,window = 5)
model_name = "corpusWord2Vec.bin"           #模型存储名
```

```
model.save(model_name)                    #存储训练好的模型
```

首先在代码中导入 gensim 包,之后用 Word2Vec 函数根据设定的参数对 word2vce 模型进行训练。这里略微解释一下主要参数:

```
Word2Vec(sentences, workers=num_workers, size=num_features, min_count = 
min_word_count, window = context, sample = downsampling, iter = 5)
```

其中,sentences 是输入数据,worker 是并行运行的线程数,size 是词向量的维数,min_count 是最小的词频,window 是上下文窗口大小,sample 是对频繁词汇进行采样的设置,iter 是循环的次数。一般如果不是有特殊要求,按默认值设置即可。

save 函数是将生成的模型进行存储,以供后续使用。

(2) word2vec 模型的使用

模型的使用非常简单,代码如下:

```
text = "Prediction Unit Helps Forecast Wildfires"
text = tools.text_clear(text)
print(model[text].shape)
```

其中,text 是需要转换的文本,同样调用 text_clear 函数对文本进行清理。之后使用已训练好的模型对文本进行转换。转换后的文本内容如下:

```
['bos', 'predict', 'unit', 'help', 'forecast', 'wildfir', 'eos']
```

计算后的 word2vec 文本向量实际上是一个[7,64]大小的矩阵,部分数据如图 8.11 所示。

```
[[-2.30043262e-01   9.95051086e-01  -5.99774718e-01  -2.18779755e+00
  -2.42732501e+00   1.42853677e+00   4.19419765e-01   1.01147270e+00
   3.12305957e-01   9.40802813e-01  -1.26786101e+00   1.90110123e+00
  -1.00584543e+00   5.89528739e-01   6.55723274e-01  -1.54996490e+00
  -1.46146846e+00  -6.19645091e-03   1.97032082e+00   1.67241061e+00
   1.04563618e+00   3.28550845e-01   6.12566888e-01   1.49095607e+00
   7.72413433e-01  -8.21017563e-01  -1.71305871e+00   1.74249041e+00
   6.58117175e-01  -2.38789499e-01  -1.29177213e-01   1.35001493e+00
```

图 8.11 word2vec 文本向量

(3) 对已有模型进行补充训练

模型训练完毕后,可以将其存储,但是随着要训练文档的增加,gensim 同样也提供了持续性训练模型的方法,代码如下:

```
from gensim.models import word2vec                                    #导入gensim包
model = word2vec.Word2Vec.load('./corpusWord2Vec.bin')                #载入存储的模型
  model.train(agnews_title, epochs=model.epochs,
total_examples=model.corpus_count)   #继续模型训练
```

word2vec 提供了加载存储模型的函数。之后 train 函数继续对模型进行训练,在最初的训练集中 agnews_text 作为初始的训练文档,而 agnews_title 是后续的训练部分,这样可以合在一起作为更多的训练文件进行训练。完整代码如下:

【程序8-5】

```
import csv
import tools
import numpy as np
agnews_label = []
agnews_title = []
agnews_text = []
agnews_train = csv.reader(open("./dataset/train.csv","r"))
for line in agnews_train:
    agnews_label.append(np.float32(line[0]))
    agnews_title.append(tools.text_clear(line[1]))
    agnews_text.append(tools.text_clear(line[2]))

print("开始训练模型")
from gensim.models import word2vec
model = word2vec.Word2Vec(agnews_text,size=64, min_count = 0,window = 5,iter=128)
model_name = "corpusWord2Vec.bin"
model.save(model_name)
from gensim.models import word2vec
model = word2vec.Word2Vec.load('./corpusWord2Vec.bin')
model.train(agnews_title, epochs=model.epochs, total_examples=model.corpus_count)
```

对于需要训练和测试的数据集，一般建议读者在使用的时候一起训练，这样才能够获得最好的语义标注。在现实工程中，对数据的训练往往都有很大的训练样本，文本容量能够达到几十甚至上百吉字节，不会产生词语缺失的问题，所以只需要在训练集上对文本进行训练即可。

8.1.4 文本主题的提取：基于TF-IDF（选学）

使用卷积神经网络对文本分类时，文本主题提取并不是必需的。

一般来说，文本的提取主要涉及以下两种：

- 基于TF-IDF的文本关键字提取。
- 基于TextRank的文本关键词提取。

除此之外，还有很多模型和方法能够用于文本提取，特别是对于大文本内容。本书由于篇幅关系并不展开这方面的内容，有兴趣的读者可以参考相关教程。本小节先介绍基于TF-IDF的文本关键字提取，下一小节再介绍基于TextRank的文本关键词提取。

（1）TF-IDF简介

目标文本经过文本清洗和停用词的去除后，一般可以认为剩下的均为有着目标含义的词。如果需要对其特征进行更进一步的提取，那么提取的应该是那些能代表文章的元素，包括词、短语、句子、标点以及其他信息的词。从词的角度考虑，需要提取对文章表达贡献度大的词。TF-IDF 公式定义如图 8.12 所示。

$$\text{TFIDF}$$

For a term i in document j:

$$w_{i,j} = tf_{i,j} \times \log\left(\frac{N}{df_i}\right)$$

$tf_{i,j}$ = number of occurrences of i in j
df_i = number of documents containing i
N = total number of documents

图 8.12　TF-IDF 简介

TF-IDF 是一种用于信息检索与勘测的常用加权技术。TF-IDF 是一种统计方法，用来衡量一个词对一个文件集的重要程度。字词的重要性与其在文件中出现的次数成正比，而与其在文件集中出现的次数成反比。该算法在数据挖掘、文本处理和信息检索等领域得到了广泛的应用，最为常见的应用即从一个文章中提取关键词。

TF-IDF 的主要思想是：如果某个词或短语在一篇文章中出现的频率 TF（Term Frequency）高，并且在其他文章中很少出现，则认为此词或者短语具有很好的类别区分能力，适合用来分类。其中，TF 表示词条在文章中出现的频率。

$$\text{词频(TF)} = \frac{\text{某个词在单个文本中出现的次数}}{\text{某个词在整个语料中出现的次数}}$$

IDF（Inverse Document Frequency）的主要思想是包含某个词的文档越少，这个词的区分度就越大，也就是 IDF 越大。

$$\text{逆文档频率(IDF)} = \log\left(\frac{\text{语料库的文本总数}}{\text{语料库中包含该词的文本数} + 1}\right)$$

TF-IDF 的计算实际上就是 TF×IDF。

$$\text{TF-IDF} = \text{词频} \times \text{逆文档频率} = \text{TF} \times \text{IDF}$$

（2）TF-IDF 的实现

首先是 IDF 的计算，代码如下：

```
import math
def idf(corpus):    # corpus 为输入的全部语料文本库文件
    idfs = {}
    d = 0.0
```

```
    # 统计词出现次数
    for doc in corpus:
        d += 1
        counted = []
        for word in doc:
            if not word in counted:
                counted.append(word)
                if word in idfs:
                    idfs[word] += 1
                else:
                    idfs[word] = 1
    # 计算每个词的逆文档值
    for word in idfs:
        idfs[word] = math.log(d/float(idfs[word]))
    return idfs
```

下一步是使用计算好的 IDF 计算每个文档的 TF-IDF 值：

```
idfs = idf(agnews_text)                    #获取计算好的文本中每个词的idf
for text in agnews_text:                   #获取文档集中的每个文档
    word_tfidf = {}
    for word in text:                       #依次获取每个文档中的每个词
        if word in word_tfidf:              #计算每个词的词频
            word_tfidf[word] += 1
        else:
            word_tfidf[word] = 1
    for word in word_tfidf:
        word_tfidf[word] *= idfs[word]     #计算每个词的TF-IDF值
```

计算 TF-IDF 的完整代码如下：

【程序8-6】

```
import math
def idf(corpus):
    idfs = {}
    d = 0.0
    # 统计词出现次数
    for doc in corpus:
        d += 1
        counted = []
        for word in doc:
            if not word in counted:
                counted.append(word)
                if word in idfs:
                    idfs[word] += 1
                else:
```

```
            idfs[word] = 1
    # 计算每个词的逆文档值
    for word in idfs:
        idfs[word] = math.log(d/float(idfs[word]))
    return idfs
# 获取计算好的文本中每个词的 idf, 其中 agnews_text 是经过处理后的语料库文档,
# 在数据清洗一节中有详细介绍
idfs = idf(agnews_text)
for text in agnews_text:          #获取文档集中的每个文档
    word_tfidf = {}
    for word in text:             #依次获取每个文档中的每个词
        if word in word_idf:      #计算每个词的词频
            word_tfidf[word] += 1
        else:
            word_tfidf[word] = 1
    for word in word_tfidf:
        word_tfidf[word] *= idfs[word]   # word_tfidf 为计算后的每个词的 TF-IDF 值

    values_list = sorted(word_tfidf.items(), key=lambda item: item[1],
reverse=True) #按 value 排序
    values_list = [value[0] for value in values_list]  #生成排序后的单个文档
```

（3）建立词矩阵

将重排的文档根据训练好的 word2vec 向量建立一个有限量的词矩阵，请读者自行完成。

（4）将 TF-IDF 单独定义为一个类

将 TFIDF 的计算函数单独整合到一个类中，以便后续使用，代码如下：

【程序8-7】

```
class TFIDF_score:
    def __init__(self,corpus,model = None):
        self.corpus = corpus
        self.model = model
        self.idfs = self.__idf()

    def __idf(self):
        idfs = {}
        d = 0.0
        # 统计词出现次数
        for doc in self.corpus:
            d += 1
            counted = []
            for word in doc:
                if not word in counted:
                    counted.append(word)
```

```
                if word in idfs:
                    idfs[word] += 1
                else:
                    idfs[word] = 1
        # 计算每个词的逆文档值
        for word in idfs:
            idfs[word] = math.log(d / float(idfs[word]))
        return idfs

    def __get_TFIDF_score(self, text):
        word_tfidf = {}
        for word in text:                    # 依次获取每个文档中的每个词
            if word in word_tfidf:           # 计算每个词的词频
                word_tfidf[word] += 1
            else:
                word_tfidf[word] = 1
        for word in word_tfidf:
            word_tfidf[word] *= self.idfs[word]   # 计算每个词的 TF-IDF 值
        values_list = sorted(word_tfidf.items(), key=lambda word_tfidf:
word_tfidf[1], reverse=True) #将 TF-IDF 数据按重要程度从大到小排序
        return values_list

    def get_TFIDF_result(self,text):
        values_list = self.__get_TFIDF_score(text)
        value_list = []
        for value in values_list:
            value_list.append(value[0])
        return (value_list)
```

使用方法如下：

```
tfidf = TFIDF_score(agnews_text)              #agnews_text 为获取的数据集
for line in agnews_text:
    value_list = tfidf.get_TFIDF_result(line)
    print(value_list)
    print(model[value_list])
```

其中，agnews_text 为从文档中获取的正文数据集，可以使用标题或者文档进行处理。

8.1.5 文本主题的提取：基于 TextRank（选学）

TextRank 算法的核心思想来源自著名的网页排名算法 PageRank（见图 8.13）。PageRank 是 Sergey Brin 与 Larry Page 于 1998 年在 WWW7 会议上提出来的，用来解决链接分析中网页排名的问题。在衡量一个网页的排名时，可以根据感觉认为：

- 当一个网页被更多网页所链接时，其排名会越靠前。

- 排名高的网页应具有更大的表决权，即当一个网页被排名高的网页所链接时，其重要性也应提高。

图 8.13　PageRank 算法

TextRank 算法（见图 8.14）与 PageRank 类似，其将文本拆分成最小组成单元（词汇），作为网络节点，组成词汇网络图模型。TextRank 在迭代计算词汇权重时与 PageRank 一样，理论上是需要计算边权的。为了简化计算，通常会默认相同的初始权重，以及在分配相邻词汇权重时进行均分。

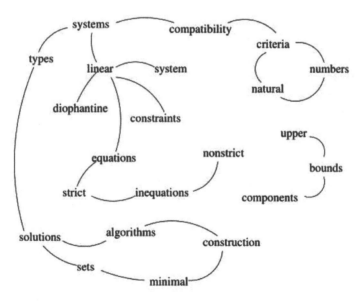

图 8.14　TextRank 算法

（1）TextRank 前置介绍

TextRank 用于对文本关键词进行提取，步骤如下：

- 把给定的文本T按照完整的句子进行分割。

- 对每个句子进行分词和词性标注处理，并过滤掉停用词，只保留指定词性的单词，如名词、动词、形容词等。
- 构建候选关键词图 $G = (V,E)$，其中 V 为节点集，由每个词之间的相似度作为连接的边值。
- 根据下面的公式迭代传播各节点的权重，直至收敛：

$$WS(V_i) = (1-d) + d \times \sum_{V_j \in In(V_i)} \frac{w_{ji}}{\sum_{V_k \in Out(V_j)} w_{jk}} WS(V_j)$$

对节点权重进行倒序排序，作为按重要程度排列的关键词。

（2）TextRank 类的实现

整体 TextRank 的实现如下所示：

【程序8-8】

```python
class TextRank_score:
    def __init__(self,agnews_text):
        self.agnews_text = agnews_text
        self.filter_list = self.__get_agnews_text()
        self.win = self.__get_win()
        self.agnews_text_dict = self.__get_TextRank_score_dict()

    def __get_agnews_text(self):
        sentence = []
        for text in self.agnews_text:
            for word in text:
                sentence.append(word)
        return sentence

    def __get_win(self):
        win = {}
        for i in range(len(self.filter_list)):
            if self.filter_list[i] not in win.keys():
                win[self.filter_list[i]] = set()
            if i - 5 < 0:
                lindex = 0
            else:
                lindex = i - 5
            for j in self.filter_list[lindex:i + 5]:
                win[self.filter_list[i]].add(j)
        return win
    def __get_TextRank_score_dict(self):
        time = 0
        score = {w: 1.0 for w in self.filter_list}
```

```python
        while (time < 50):
            for k, v in self.win.items():
                s = score[k] / len(v)
                score[k] = 0
                for i in v:
                    score[i] += s
            time += 1
        agnews_text_dict = {}
        for key in score:
            agnews_text_dict[key] = score[key]
        return agnews_text_dict

    def __get_TextRank_score(self, text):
        temp_dict = {}
        for word in text:
            if word in self.agnews_text_dict.keys():
                temp_dict[word] = (self.agnews_text_dict[word])
        values_list = sorted(temp_dict.items(), key=lambda word_tfidf: word_tfidf[1],
                             reverse=False)   # 将 TextRank 数据按重要程度从大到小排序
        return values_list
    def get_TextRank_result(self,text):
        temp_dict = {}
        for word in text:
            if word in self.agnews_text_dict.keys():
                temp_dict[word] = (self.agnews_text_dict[word])
        values_list = sorted(temp_dict.items(), key=lambda word_tfidf: word_tfidf[1], reverse=False)
        value_list = []
        for value in values_list:
            value_list.append(value[0])
        return (value_list)
```

TextRank 是实现关键词抽取的方法，相对于本书对应的数据集来说，对文本的提取并不是必需的，所以本小节为选学内容。有兴趣的读者可以自行学习。

8.2 更多的词嵌入方法——fastText 和预训练词向量

在实际的模型计算过程中，word2vec 是一个最常用也是最重要将"词"转换成"词嵌入"的方式。

对于普通的文本来说，供人类所了解和掌握的信息传递方式并不能简易地被计算机所理解，因此词嵌入是目前来说解决向计算机传递文字信息的最好方式，如图 8.15 所示。

单词	长度为 3 的词向量		
我	0.3	-0.2	0.1
爱	-0.6	0.4	0.7
我	0.3	-0.2	0.1
的	0.5	-0.8	0.9
祖	-0.4	0.7	0.2
国	-0.9	0.3	-0.4

图 8.15　词嵌入

随着研究人员对词嵌入的研究深入和计算机处理能力的提高，更多更好的方法被提出，例如利用 fastText 和预训练的词嵌入模型对数据进行处理。

本节是上一节的延续，从方法上介绍 fastText 的训练和预训练词向量的使用。

8.2.1　fastText 的原理与基础算法

相对于传统的 word2vec 计算方法，fastText 是一种更为快速和新的计算词嵌入的方法，其优点主要体现在以下几个方面。

- fastText 在保持高精度的情况下加快了训练速度和测试速度。
- fastText 对词嵌入的训练更加精准。
- fastText 采用两个重要的算法：N-gram（第一次出现这个词，下文有说明）、Hierarchical Softmax。

1. 算法一

相对于 word2vec 中采用的 CBOW 架构，fastText 采用的是 N-gram 架构，如图 8.16 所示。

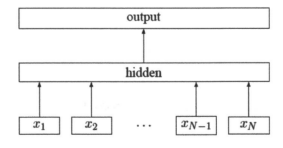

图 8.16　N-gram 架构

其中，$x_1, x_2, \ldots, x(N-1), x(N)$ 表示一个文本中的 N-gram 向量，每个特征是词向量的平均值。这里顺便介绍一下 N-gram 的意义。

N-gram 常用的有 3 种，即 1-gram、2-gram、3-gram，分别对应一元、二元、三元。

以"我想去成都吃火锅"为例,对其进行分词处理,得到下面的数组:["我","想","去","成","都","吃","火","锅"]。这就是 1-gram,分词的时候对应一个滑动窗口,窗口大小为 1,所以每次只取一个值。

同理,假设使用 2-gram 就会得到["我想","想去","去成","成都","都吃","吃火","火锅"]。N-gram 模型认为词与词之间有关系的距离为 N,如果超过 N 则认为它们之间没有联系,所以就不会出现"我成","我去"这些词。

如果使用 3-gram,就是["我想去","想去成","去成都",...]。

理论上 N 可以设置为任意值,但是一般设置成上面 3 个类型就够了。

2. 算法二

当语料类别较多时,使用分层 Softmax 减轻计算量。fastText 中的分层 Softmax 利用 Huffman 树实现,将词向量作为叶子节点,之后根据词向量构建 Huffman 树,如图 8.17 所示。

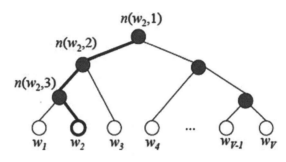

图 8.17 分层 Softmax 架构

分层 Softmax 的算法较为复杂,这里不过多阐述,有兴趣的读者可以自行研究。

8.2.2 fastText 训练以及与 TensorFlow 2.X 的协同使用

前面介绍完架构和理论,本小节开始使用 fastText。这里主要介绍中文部分的 fastText 处理。

(1)第一步:数据收集与分词

为了演示 fastText 的使用,构造如图 8.18 所示的数据集。

```
text = [
"卷积神经网络在图像处理领域获得了极大成功,其结合特征提取和目标训练为一体的模型能够最好地利用已有的信息对结果进行反馈训练。",
"对于文本识别的卷积神经网络来说,同样也是充分利用特征提取时提取的文本特征来计算文本特征权值大小的,归一化处理需要处理的数据。",
"这样使得原来的文本信息抽象成一个向量化的样本集,之后将样本集和训练好的模板输入卷积神经网络进行处理。",
"本节将在上一节的基础上使用卷积神经网络实现文本分类的问题,这里采用两种主要基于字符的和基于wordEmbedding形式的词卷积神经网络处理方法"
"实际上无论是基于字符的还是基于wordEmbedding形式的处理方式都是可以相互转换的,这里只介绍使用基本的使用模型和方法,更多的应用还需要读者
]
```

图 8.18 演示数据集

text 中是一系列的短句文本,以每个逗号为一句进行区分,一个简单的处理函数如下:

```
import jieba
jieba_cut_list = []
```

```
for line in text:
    jieba_cut = jieba.lcut(line)
    jieba_cut_list.append(jieba_cut)
print(jieba_cut)
```

打印结果如下所示:

```
['卷积','神经网络','在','图像处理','领域','获得','了','极大','成功',',','其','结合','特征提取','和','目标','训练','为','一体','的','模!
['对于','文本','识别','的','卷积','神经网络','来说',',','同样','也','是','充分利用','特征提取','时','提取','的','文本','特征','来','计
['这样','使得','原来','的','文本','信息','抽象','成','一','向','量化','的','样本','集',',','之后','将','样本','集','和','训练','好
['本节','将','在','上','一节','的','基础','上','使用','卷积','神经网络','实现','文本','分类','的','问题',',','这里','将','采用','两种
['实际上',',','无论是','基于','字符','的','还是','基于','wordEmbedding','形式','的',',','处理','方式','都','是','可以','相互','转换','的',',',
```

其中，每一行根据 jieba 的分词模型进行分词处理，之后存在每一行中的是已经被分过词的数据。

（2）第二步：使用 gensim 中 fastText 进行词嵌入计算

gensim.models 中除了含有前文介绍过的 word2vec 函数，还包含有 fastText 的专用计算类，代码如下（参数定义在下）：

```
from gensim.models import fastText
model = fastText(min_count=5,size=300,window=7,workers=10,iter=50,seed=17,sg=1,hs=1)
```

其中，fastText 参数定义如下：

- sentences (iterable of iterables, optional)：供训练的句子，可以使用简单的列表，但是对于大语料库，建议直接从磁盘/网络流迭代传输句子。
- size (int, optional)：word向量的维度。
- window (int, optional)：一个句子中当前单词和被预测单词的最大距离。
- min_count (int, optional)：忽略词频小于此值的单词。
- workers (int, optional)：训练模型时使用的线程数。
- sg ({0, 1}, optional)：模型的训练算法，1代表skip-gram，0代表CBOW。
- hs ({0, 1}, optional)：1采用分层Softmax训练模型，0使用负采样。
- iter：模型迭代的次数。
- seed (int, optional)：随机数发生器种子。

在定义的 fastText 类中依次设定了最低词频度、单词训练的最大距离、迭代数以及训练模型等。完整训练例子如下所示：

【程序8-9】

```
text = [
"卷积神经网络在图像处理领域获得了极大成功，其结合特征提取和目标训练为一体的模型能够最好地利用已有的信息对结果进行反馈训练。",
"对于文本识别的卷积神经网络来说，同样也是充分利用特征提取时提取的文本特征来计算文本特征权值大小的，归一化处理需要处理的数据。",
"这样使得原来的文本信息抽象成一个向量化的样本集，之后将样本集和训练好的模板输入卷积神经网络进行处理。",
```

"本节将在上一节的基础上使用卷积神经网络实现文本分类的问题,这里将采用两种主要基于字符的和基于词嵌入形式的词卷积神经网络处理方法。",
"实际上无论是基于字符的还是基于词嵌入形式的处理方式都是可以相互转换的,这里只介绍使用基本的使用模型和方法,更多的应用还需要读者自行挖掘和设计。"
]

```
import jieba
jieba_cut_list = []
for line in text:
    jieba_cut = jieba.lcut(line)
    jieba_cut_list.append(jieba_cut)

from gensim.models import fasttext

model = fasttext (min_count=5,size=300,window=7,workers=10,iter=50,seed=17,sg=1,hs=1)
model.build_vocab(jieba_cut_list)
model.train(jieba_cut_list, total_examples=model.corpus_count, epochs=model.iter)#这里使用笔者给出的固定格式即可
model.save("./models/xiaohua_fasttext_model_jieba.model")
```

model 中的 build_vocab 函数是对数据进行词库建立,而 train 函数是对 model 模型训练模式的设定,这里使用笔者给出的格式即可。

最后是训练好的模型存储问题,这里模型被存储在 models 文件夹中。

(3)第三步:使用训练好的 fastText 做参数读取

使用训练好的 fastText 做参数读取也很方便,直接载入训练好的模型,之后将带测试的文本输入即可,代码如下:

```
from gensim.models import fastText

model = fastText.load("./models/xiaohua_fasttext_model_jieba.model")
embedding = (model["卷积","神经网络"])       #卷积与神经网络,这2个词都是经过预训练的
print(embedding)
```

与训练过程不同的是,这里 fastText 使用自带的 load 函数将保存的模型进行载入,之后类似于传统的 list 方式将已训练过的值打印出来。结果如图 8.19 所示。

> **注 意**
> fastText 的模型只能打印已训练过的词向量而不能打印未经过训练的词,在上例中模型输出的值是已经过训练的"卷积"和"神经网络"这两个词。

```
[[ 1.23337319e-03 -9.69461864e-04 -4.65232151e-04  1.65295496e-05
    6.20143139e-04  3.27190675e-04 -5.20014262e-04 -4.33940208e-04
    8.33714148e-06 -1.41896703e-03  6.71732007e-04 -2.83392437e-04
   -8.72086384e-04 -4.66861471e-04  5.24930423e-04  1.78475538e-03
    3.34764016e-04  6.07557013e-05  2.41720420e-03  2.02693231e-03
   -5.14851243e-04  2.17236055e-04 -1.65287266e-03 -5.34027582e-04
    8.42795998e-04 -2.87764735e-04 -8.72804667e-05  1.26866275e-04
   -5.43480506e-04  2.25654570e-04 -7.17494229e-04  1.42720155e-03
```

图 8.19 打印结果

打印输出值维度如下：

```
print(embedding.shape)
```

结果如下所示：

(2, 300)

（4）第四步：继续已有的 fastText 模型进行词嵌入训练

有时候需要在训练好的模型上继续进行词嵌入训练，可以利用已训练好的模型或者计算机碎片时间进行迭代训练。理论上，数据集内容越多，训练时间越长，训练精度越准。

```
model = fastText.load("./models/xiaohua_fasttext_model_jieba.model")
# second_sentences 是新的训练数据，处理方法和上面的一样
model.build_vocab(second_sentences, update=True)
model.train(second_sentences, total_examples=model.corpus_count, epochs=6)
model.min_count = 10
model.save("./models/xiaohua_fasttext_model_jieba.model")
```

在这里需要额外设置的是一些 model 的参数，仿照这里的格式写作即可。

（5）第五步：提取 fastText 模型训练结果作为预训练词嵌入数据（一定要注意位置对应关系）

训练好的 fastText 模型可以作为深度学习的预训练词嵌入输入到模型中使用，相对于随机生成的向量，预训练的词嵌入数据带有部分位置以及语义信息。

获取预训练好的词嵌入数据代码如下：

```
def get_embedding_model(Word2VecModel):
    # 存储所有的词语
    vocab_list = [word for word, Vocab in Word2VecModel.wv.vocab.items()]

    # 初始化 `[word : token]`，后期 tokenize 语料库就是用该词典
    word_index = {" ": 0}
    word_vector = {}  # 初始化`[word : vector]`字典

    # embeddings_matrix 是定义的一个用以存储所有已训练词向量的矩阵，初始化值全为 0
    # 行数为所有单词数+1，比如 10000+1；列数为词向量"维度"，比如 100
    embeddings_matrix = np.zeros((len(vocab_list) + 1,
```

```
Word2VecModel.vector_size))

    ## 填充上述的字典和大矩阵
    for i in range(len(vocab_list)):
        word = vocab_list[i]  # 每个词语
        word_index[word] = i + 1  # 词语：序号
        word_vector[word] = Word2VecModel.wv[word]  # 词语：词向量
        embeddings_matrix[i + 1] = Word2VecModel.wv[word]  # 词向量矩阵

    #这里的 word_vector 数据量较大时不好打印
    #word_index 和 embeddings_matrix 的作用在下文中阐述
    return word_index, word_vector, embeddings_matrix
```

在示例代码中，首先通过迭代方法获取训练的词库列表，之后建立字典，使得词和序列号一一对应。

返回值分别是 3 个数值：word_index、word_vector、embeddings_matrix。其中，word_index 是词的序列；embeddings_matrix 是生成的与词向量表所对应的 embedding 矩阵。在这里需要认真提示的是，实际上 embedding 可以根据传入的数据不同而对其位置进行修正，但是此修正必须伴随 word_index 一起进行位置改变。

使用输出的 embeddings_matrix 由下列函数完成：

```
import tensorflow as tf
embedding_table = tf.keras.layers.Embedding(input_dim=
len(embeddings_matrix),output_dim=300, weights=[embeddings_matrix],
trainable=False)
```

在这里训练好的 embeddings_matrix 被作为参数传递给 Keras 中 Embedding 列表进行设置。需要注意的是，对于其部分参数，需要根据传入的 embeddings_matrix 进行设置。这里只需要遵循这种写法即可。

在 TensorFlow 的 embedding 中进行 look_up 查询的时候，传入的是每个字符的序号，因此需要一个"编码器"将字符编码为对应的序号。

```
    # 序号化文本，tokenizer 句子，并返回每个句子所对应的词语索引
    # 这个只能对单个字，对词语切词的时候无法处理
    def tokenizer(texts, word_index):
        token_indexs = []
        for sentence in texts:
            new_txt = []
            for word in sentence:
                try:
                    new_txt.append(word_index[word])  # 把句子中的词语转化为 index
                except:
                    new_txt.append(0)
            token_indexs.append(new_txt)
        return token_indexs
```

tokenizer 函数用作对单词的序列化，这里根据上文生成的 word_index 对每个词语进行编号。

下面的代码段是使用训练好的预训练参数做一个测试，打印相同字符在 fastText 中的词嵌入值以及读取到 TensorFlow 中的 embedding 矩阵中的对应值，代码如下：

（请注意训练好的模型读取使用方法，这种方法在下一节还会用到。）

【程序8-10】

```python
import numpy as np
import gensim

def get_embedding_model(Word2VecModel):
    # 存储所有的词语
    vocab_list = [word for word, Vocab in Word2VecModel.wv.vocab.items()]

    # 初始化 `[word : token]`，后期tokenize语料库就是使用该词典
    word_index = {" ": 0}
    word_vector = {}  # 初始化`[word : vector]`字典

    # embeddings_matrix 是定义的一个用以存储所有已训练词向量的矩阵，初始化值全为0
    # 行数为所有单词数+1，比如10000+1；列数为词向量"维度"，比如100
    embeddings_matrix = np.zeros((len(vocab_list) + 1,
Word2VecModel.vector_size))

    # 填充上述的字典和大矩阵
    for i in range(len(vocab_list)):
        word = vocab_list[i]
        word_index[word] = i + 1    # 词语：序号
        word_vector[word] = Word2VecModel.wv[word]          # 词语：词向量
        embeddings_matrix[i + 1] = Word2VecModel.wv[word]   # 词向量矩阵

    # 这里的 word_vector 不好打印
    return word_index, word_vector, embeddings_matrix

# 序号化文本，tokenizer句子，并返回每个句子所对应的词语索引
# 这个只能对单个字，对词语切词的时候无法处理
def tokenizer(texts, word_index):
    token_indexs = []
    for sentence in texts:
        new_txt = []
        for word in sentence:
            try:
                new_txt.append(word_index[word])  # 把句子中的词语转化为index
            except:
                new_txt.append(0)
```

```python
        token_indexs.append(new_txt)
    return token_indexs

if __name__ == "__main__":
    ## 1 获取 gensim 的模型
    model = gensim.models.word2vec.Word2Vec.load("./models/xiaohua_fasttext_model_jieba.model")
    word_index, word_vector, embeddings_matrix = get_embedding_model(model)

    token_indexs = tokenizer("卷积",word_index)
    print(token_indexs)

    import tensorflow as tf
    # 下面就是对 embedding_table 的实现
    embedding_table = tf.keras.layers.Embedding(input_dim=len(embeddings_matrix),output_dim=300,weights=[embeddings_matrix],trainable=False)

    char = "卷积"
    char_index = word_index[char]

    # 下面是一个小测试，分别打印对应词嵌入的前 5 个值
    print(model[char][:5])
    print((embedding_table(np.array([[char_index]])))[0][0][:5])
```

打印结果如图 8.20 所示。无论使用读取的 embedding 矩阵还是使用 TensorFlow 2.X 构建的 embedding 表格，对于相同的字符来说，其值都是相同的，因此可以认为 TensorFlow 载入了 fastText 的预训练参数。

```
[ 1.2333732e-03 -9.6946186e-04 -4.6523215e-04  1.6529550e-05
  6.2014314e-04]
2020-02-29 09:14:51.577953: I tensorflow/stream_executor/platform/default/
2020-02-29 09:14:51.727246: I tensorflow/core/common_runtime/gpu/gpu_device
name: GeForce GTX 1660 Ti major: 7 minor: 5 memoryClockRate(GHz): 1.77
pciBusID: 0000:01:00.0
2020-02-29 09:14:51.727909: I tensorflow/stream_executor/platform/default/
2020-02-29 09:14:51.728589: I tensorflow/core/common_runtime/gpu/gpu_device
2020-02-29 09:14:51.731195: I tensorflow/core/platform/cpu_feature_guard.c
2020-02-29 09:14:51.734921: I tensorflow/core/common_runtime/gpu/gpu_devic
name: GeForce GTX 1660 Ti major: 7 minor: 5 memoryClockRate(GHz): 1.77
pciBusID: 0000:01:00.0
2020-02-29 09:14:51.735061: I tensorflow/stream_executor/platform/default/
2020-02-29 09:14:51.735435: I tensorflow/core/common_runtime/gpu/gpu_devic
2020-02-29 09:14:54.123569: I tensorflow/core/common_runtime/gpu/gpu_devic
2020-02-29 09:14:54.123682: I tensorflow/core/common_runtime/gpu/gpu_devic
2020-02-29 09:14:54.123746: I tensorflow/core/common_runtime/gpu/gpu_devic
2020-02-29 09:14:54.125479: I tensorflow/core/common_runtime/gpu/gpu_devic
tf.Tensor(
[ 1.2333732e-03 -9.6946186e-04 -4.6523215e-04  1.6529550e-05
  6.2014314e-04], shape=(5,), dtype=float32)
```

图 8.20　打印结果

8.2.3 使用其他预训练参数做 TensorFlow 词嵌入矩阵（中文）

无论是使用 word2vec 还是 fastText 作为训练基础都是可以的，但是对于个人用户或者规模不大的公司机构来说，做一个庞大的预训练项目是一个费时费力的工程。

既然它山之石（见图 8.21）可以攻玉，那么为什么不借助其他免费的训练好的词向量作为使用基础呢？

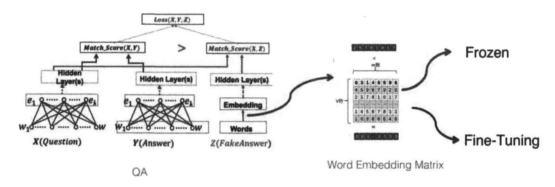

图 8.21 它山之石

在中文部分较为常用且免费的词嵌入预训练数据是腾讯的词向量，地址为 https://ai.tencent.com/ailab/nlp/embedding.html，下载界面如图 8.22 所示。

图 8.22 腾讯的词向量

下面使用 TensorFlow 2.X 载入预训练模型做词矩阵的初始化。

```
from gensim.models.word2vec import KeyedVectors
wv_from_text = KeyedVectors.load_word2vec_format(file, binary=False)
```

下面的步骤与 7.2.2 小节程序相似，读者可以自行编写完成。

8.3 针对文本的卷积神经网络模型——字符卷积

卷积神经网络在图像处理领域获得了很大的成功，其结合特征提取和目标训练为一体的模型能够最好地利用已有的信息对结果进行反馈训练。

对于文本识别的卷积神经网络来说，同样也是充分利用特征提取时提取的文本特征来计算文本特征权值大小的，归一化处理需要处理的数据。这样使得原来的文本信息抽象成一个向量化的样本集，之后将样本集和训练好的模板输入卷积神经网络进行处理。

本节将在上一节的基础上使用卷积神经网络实现文本分类的问题，这里将采用两种主要基于字符的和基于词嵌入形式的词卷积神经网络处理方法。实际上无论是基于字符的还是基于词嵌入形式的处理方式都是可以相互转换的，这里只介绍使用基本的使用模型和方法，更多的应用还需要读者自行挖掘和设计。

8.3.1 字符（非单词）文本的处理

本小节将介绍基于字符的 CNN 处理方法。基于单词的卷积处理内容将在下一节介绍，请读者循序渐进地学习。

任何一个英文单词都是由字母构成的，因此可以简单地将英文单词拆分成字母的表示形式：

```
hello -> ["h","e","l","l","o"]
```

这样可以看到一个单词"hello"被人为拆分成"h""e""l""l""o"这 5 个字母。对于 Hello 的处理有 2 种方法，即采用独热编码的方式和采用字符嵌入的方式。这样"hello"这个单词就会被转成一个[5,n]大小的矩阵，本例中采用独热编码的方式处理。

使用卷积神经网络计算字符矩阵时，对于每个单词拆分成的数据，根据不同的长度对其进行卷积处理，提取出高层抽象概念。这样做的好处是不需要使用预训练好的词向量和语法句法结构等信息。除此之外，字符级还有一个好处就是可以很容易地推广到所有语言。使用 CNN 处理字符文本分类的原理如图 8.23 所示。

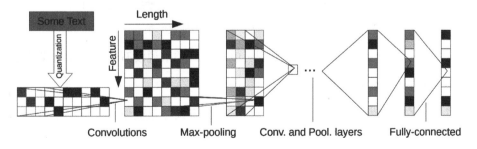

图 8.23 使用 CNN 处理字符文本分类

第一步：标题文本的读取与转化

对于 Agnews 数据集来说，每个分类的文本条例既有对应的分类，也有标题和文本内容，对于文本内容的抽取在上一节的选学内容中也有介绍，这里采用直接使用标题文本的方法进行处理，如图 8.24 所示。

```
3 Money Funds Fell in Latest Week (AP)
3 Fed minutes show dissent over inflation (USATODAY.com)
3 Safety Net (Forbes.com)
3 Wall St. Bears Claw Back Into the Black
3 Oil and Economy Cloud Stocks' Outlook
3 No Need for OPEC to Pump More-Iran Gov
3 Non-OPEC Nations Should Up Output-Purnomo
3 Google IPO Auction Off to Rocky Start
3 Dollar Falls Broadly on Record Trade Gap
3 Rescuing an Old Saver
3 Kids Rule for Back-to-School
3 In a Down Market, Head Toward Value Funds
```

图 8.24 AG_news 标题文本

读取标题和 label 的程序请读者参考上一节 "文本数据处理" 的内容自行完成。由于只是对文本标题进行处理，因此在进行数据清洗的时候不用处理停用词和进行词干还原。对于空格，由于是字符计算，因此不需要保留，直接删除即可。完整代码如下：

```python
def text_clearTitle(text):
    text = text.lower()                      #将文本转化成小写字母
    text = re.sub(r"[^a-z]"," ",text)        #替换非标准字符，^是求反操作
    text = re.sub(r" +", " ", text)          #替换多重空格
    text = text.strip()                      #取出首尾空格
    text = text + " eos"                     #添加结束符，请注意，eos 前面有一个空格
    return text
```

这样获取的结果如图 8.25 所示。

```
wal mart dec sales still seen up pct eos
sabotage stops iraq s north oil exports eos
corporate cost cutters miss out eos
murdoch will shell out mil for manhattan penthouse eos
au says sudan begins troop withdrawal from darfur reuters eos
insurgents attack iraq election offices reuters eos
syria redeploys some security forces in lebanon reuters eos
security scare closes british airport ap eos
iraqi judges start quizzing saddam aides ap eos
musharraf says won t quit as army chief reuters eos
```

图 8.25 AG_news 标题文本抽取结果

可以看到，不同的标题被整合成一系列可能对于人类来说没有任何表示意义的字符。

第二步：文本的独热编码处理

下面将生成的字符串进行独热编码处理，处理的方式非常简单，首先建立一个 26 个字母的字符表：

```
alphabet_title = "abcdefghijklmnopqrstuvwxyz"
```

将不同的字符获取字符表对应位置进行提取，根据提取的位置将对应的字符位置设置成

1，其他为 0，例如字符"c"在字符表中第 3 个，那么获取的字符矩阵为：

```
[0,0,1,0,0,0,0,0,0,0,0,0,0,0,0,0,0,0,0,0,0,0,0,0,0,0]
```

其他的类似，代码如下：

```
def get_one_hot(list):
values = np.array(list)
n_values = len(alphabet_title) + 1
return np.eye(n_values)[values]
```

这段代码的作用就是将生成的字符序列转换成矩阵，如图 8.26 所示。

```
[1,2,3,4,5,6,0]  ->   [[0. 1. 0. 0. 0. 0. 0. 0. 0. 0. 0. 0. 0. 0. 0. 0. 0. 0. 0. 0. 0. 0. 0. 0. 0. 0.
                        0. 0. 0.]
                       [0. 0. 1. 0. 0. 0. 0. 0. 0. 0. 0. 0. 0. 0. 0. 0. 0. 0. 0. 0. 0. 0. 0. 0. 0. 0.
                        0. 0. 0.]
                       [0. 0. 0. 1. 0. 0. 0. 0. 0. 0. 0. 0. 0. 0. 0. 0. 0. 0. 0. 0. 0. 0. 0. 0. 0. 0.
                        0. 0. 0.]
                       [0. 0. 0. 0. 1. 0. 0. 0. 0. 0. 0. 0. 0. 0. 0. 0. 0. 0. 0. 0. 0. 0. 0. 0. 0. 0.
                        0. 0. 0.]
                       [0. 0. 0. 0. 0. 1. 0. 0. 0. 0. 0. 0. 0. 0. 0. 0. 0. 0. 0. 0. 0. 0. 0. 0. 0. 0.
                        0. 0. 0.]
                       [0. 0. 0. 0. 0. 0. 1. 0. 0. 0. 0. 0. 0. 0. 0. 0. 0. 0. 0. 0. 0. 0. 0. 0. 0. 0.
                        0. 0. 0.]
                       [1. 0. 0. 0. 0. 0. 0. 0. 0. 0. 0. 0. 0. 0. 0. 0. 0. 0. 0. 0. 0. 0. 0. 0. 0. 0.
                        0. 0. 0.]]
```

图 8.26　字符转化矩阵示意图

下一步的内容就是将字符串按字符表中的顺序转换成数字序列，代码如下：

```
def get_char_list(string):
    alphabet_title = "abcdefghijklmnopqrstuvwxyz"
    char_list = []
    for char in string:
        num = alphabet_title.index(char)
        char_list.append(num)
    return char_list
```

这样生成的结果如下：

```
hello -> [7, 4, 11, 11, 14]
```

将代码段整合在一起，最终结果如下：

```
def get_one_hot(list,alphabet_title = None):
    if alphabet_title == None:              #设置字符集
        alphabet_title = "abcdefghijklmnopqrstuvwxyz"
    else:alphabet_title = alphabet_title
    values = np.array(list)                 #获取字符数列
    n_values = len(alphabet_title) + 1      #获取字符表长度
    return np.eye(n_values)[values]

def get_char_list(string,alphabet_title = None):
    if alphabet_title == None:
```

```python
            alphabet_title = "abcdefghijklmnopqrstuvwxyz"
    else:alphabet_title = alphabet_title
    char_list = []
    for char in string:                    #获取字符串中的字符
        num = alphabet_title.index(char)   #获取对应位置
        char_list.append(num)              #组合位置编码
    return char_list
#主代码
def get_string_matrix(string):
    char_list = get_char_list(string)
    string_matrix = get_one_hot(char_list)
    return string_matrix
```

这样生成的结果如图 8.27 所示。

```
[[0. 0. 0. 0. 0. 0. 0. 1. 0. 0. 0. 0. 0. 0. 0. 0. 0. 0. 0. 0. 0. 0. 0. 0.
  0. 0. 0.]
 [0. 0. 0. 0. 0. 1. 0. 0. 0. 0. 0. 0. 0. 0. 0. 0. 0. 0. 0. 0. 0. 0. 0. 0.
  0. 0. 0.]
 [0. 0. 0. 0. 0. 0. 0. 0. 0. 0. 0. 1. 0. 0. 0. 0. 0. 0. 0. 0. 0. 0. 0. 0.
  0. 0. 0.]
 [0. 0. 0. 0. 0. 0. 0. 0. 0. 0. 0. 1. 0. 0. 0. 0. 0. 0. 0. 0. 0. 0. 0. 0.
  0. 0. 0.]
 [0. 0. 0. 0. 0. 0. 0. 0. 0. 0. 0. 0. 0. 0. 1. 0. 0. 0. 0. 0. 0. 0. 0. 0.
  0. 0. 0.]]
```

图 8.27　转换字符串并进行独热编码处理

可以看到，单词"hello"被转换成一个[5,26]大小的矩阵，供下一步处理。这里又产生了一个新的问题，对于不同长度的字符串，组成的矩阵行长度不同。虽然卷积神经网络可以处理具有不同长度的字符串，但是在本例中还是以相同大小的矩阵作为数据输入进行计算。

第三步：生成文本的矩阵的细节处理——矩阵补全

下一步就是根据文本标题生成独热编码矩阵，而对于上一步中的矩阵生成独热编码矩阵，函数读者可以自行将其变更成类使用，这样能够在使用时更为简易和便捷。此处笔者将使用单独的函数也就是上一步编写的函数。

```python
import csv
import numpy as np
import tools
agnews_title = []
agnews_train = csv.reader(open("./dataset/train.csv","r"))
for line in agnews_train:
    agnews_title.append(tools.text_clearTitle(line[1]))
for title in agnews_title:
    string_matrix = tools.get_string_matrix(title)
    print(string_matrix.shape)
```

打印结果如图 8.28 所示。

```
(51, 28)
(59, 28)
(44, 28)
(47, 28)
(51, 28)
(91, 28)
(54, 28)
(42, 28)
```

图 8.28 补全后的矩阵维度

可以看到，生成的文本矩阵被整形成一个有一定大小规则的矩阵输出。这里又出现了一个新的问题，对于不同长度的文本，单词和字母的多少并不是固定的，虽然对于全卷积神经网络来说输入的数据维度可以不统一和不固定，但还是要对其进行处理。

对于不同长度的矩阵处理，简单的思路就是将其进行规范化处理：长的截短，短的补长。本文的思路也是如此，代码如下：

```python
def get_handle_string_matrix(string,n = 64):      #n 为设定的长度,可以根据需要修正
    string_length= len(string)                    #获取字符串长度
    if string_length > 64:                        #判断是否大于 64,
        string = string[:64]                      #长度大于 64 的字符串予以截短
        string_matrix = get_string_matrix(string) #获取文本矩阵
        return string_matrix
    else:     #对于长度不够的字符串
        string_matrix = get_string_matrix(string) #获取字符串矩阵
        handle_length = n - string_length         #获取需要补全的长度
        pad_matrix = np.zeros([handle_length,28]) #使用全 0 矩阵进行补全
        #将字符矩阵和全 0 矩阵进行叠加,将全 0 矩阵叠加到字符矩阵后面
        string_matrix = np.concatenate([string_matrix,pad_matrix],axis=0)
        return string_matrix
```

代码分成两部分，首先是对不同长度的字符进行处理：对于长度大于 64（64 是人为设定的大小，也可以根据需要对其进行修改）的字符，截取前部分进行矩阵获取；对于长度不到 64 的字符串，需要对其进行补全，生成由余数构成的全 0 矩阵进行处理。

这样经过修饰后的代码如下：

```python
import csv
import numpy as np
import tools
agnews_title = []
agnews_train = csv.reader(open("./dataset/train.csv","r"))
for line in agnews_train:
    agnews_title.append(tools.text_clearTitle(line[1]))
for title in agnews_title:
    string_matrix = tools. get_handle_string_matrix (title)
    print(string_matrix.shape)
```

打印结果如图 8.29 所示。

```
(64, 28)
(64, 28)
(64, 28)
(64, 28)
(64, 28)
(64, 28)
(64, 28)
(64, 28)
```

图 8.29 标准化补全后的矩阵维度

第四步：标签的独热编码矩阵构建

对于分类的表示，这里同样可以使用独热编码的方法对其分类做出分类重构，代码如下：

```
def get_label_one_hot(list):
    values = np.array(list)
    n_values = np.max(values) + 1
    return np.eye(n_values)[values]
```

仿照文本的 one-hot 函数，根据传进来的序列化参数对列表进行重构，形成一个新的独热编码矩阵，从而能够反映出不同的类别。

第五步：数据集的构建

通过准备文本数据集，将文本进行清洗，去除不相干的词，提取出主干，并根据需要设定矩阵维度和大小，全部代码如下（tools 代码为上文分布代码，在主代码后部位）：

```
import csv
import numpy as np
import tools
agnews_label = []                                              #空标签列表
agnews_title = []                                              #空文本标题文档
agnews_train = csv.reader(open("./dataset/train.csv","r"))     #读取数据集
for line in agnews_train:                                      #分行迭代文本数据
    agnews_label.append(np.int(line[0]))                       #将标签读入标签列表
    agnews_title.append(tools.text_clearTitle(line[1]))        #将文本读入
train_dataset = []
for title in agnews_title:
    string_matrix = tools.get_handle_string_matrix(title)      #构建文本矩阵
    train_dataset.append(string_matrix)                #以文本矩阵读取训练列表
train_dataset = np.array(train_dataset)            #将原生的训练列表转换成NumPy格式
#将 label 列表转换成 one-hot 格式
label_dataset = tools.get_label_one_hot(agnews_label)
```

这里首先通过 csv 库获取全文本数据，之后逐行将文本和标签读入，分别将其转化成 one-hot 矩阵后利用 NumPy 库将对应的列表转换成 NumPy 格式。结果如图 8.30 所示。

```
(120000, 64, 28)
(120000, 5)
```

图 8.30 标准化转换后的 AG_news

这里分别生成了训练集数量数据和标签数据的独热编码矩阵列表。训练集的维度为 [12000,64,28]，第一个数字是总的样本数，第二个和第三个数字为生成的矩阵维度。标签数据为一个二维矩阵，12000 是样本的总数，5 是类别。注意，one-hot 是从 0 开始的而标签的分类是从 1 开始的，因此会自动生成一个 0 的标签。tools 函数如下，读者可以将其改成类的形式进行处理。

【程序8-11】

```
import re
from nltk.corpus import stopwords
from nltk.stem.porter import PorterStemmer
import numpy as np

#对英文文本进行数据清洗
stoplist = stopwords.words('english')
def text_clear(text):
    text = text.lower()                              #将文本转化成小写字母
    text = re.sub(r"[^a-z]"," ",text)                #替换非标准字符，^是求反操作
    text = re.sub(r" +", " ", text)                  #替换多重空格
    text = text.strip()                              #取出首尾空格
    text = text.split(" ")
    text = [word for word in text if word not in stoplist]    #去除停用词
    text = [PorterStemmer().stem(word) for word in text]      #还原词干部分
    text.append("eos")                               #添加结束符
    text = ["bos"] + text                            #添加开始符
    return text
#对标题进行处理
def text_clearTitle(text):
    text = text.lower()                              #将文本转化成小写字母
    text = re.sub(r"[^a-z]"," ",text)                #替换非标准字符，^是求反操作
    text = re.sub(r" +", " ", text)                  #替换多重空格
    #text = re.sub(" ", "", text)                    #替换隔断空格
    text = text.strip()                              #取出首尾空格
    text = text + " eos"                             #添加结束符
return text
#生成标题的独热编码标签
def get_label_one_hot(list):
    values = np.array(list)
    n_values = np.max(values) + 1
return np.eye(n_values)[values]
#生成文本的独热编码矩阵
def get_one_hot(list,alphabet_title = None):
    if alphabet_title == None:                       #设置字符集
        alphabet_title = "abcdefghijklmnopqrstuvwxyz "
    else:alphabet_title = alphabet_title
```

```python
        values = np.array(list)                    #获取字符数列
        n_values = len(alphabet_title) + 1         #获取字符表长度
        return np.eye(n_values)[values]
#获取文本在词典中的位置列表
def get_char_list(string,alphabet_title = None):
    if alphabet_title == None:
        alphabet_title = "abcdefghijklmnopqrstuvwxyz "
    else:alphabet_title = alphabet_title
    char_list = []
    for char in string:                            #获取字符串中的字符
        num = alphabet_title.index(char)           #获取对应位置
        char_list.append(num)                      #组合位置编码
    return char_list
#生成文本矩阵
def get_string_matrix(string):
    char_list = get_char_list(string)
    string_matrix = get_one_hot(char_list)
    return string_matrix
#获取补全后的文本矩阵
def get_handle_string_matrix(string,n = 64):
    string_length= len(string)
    if string_length > 64:
        string = string[:64]
        string_matrix = get_string_matrix(string)
        return string_matrix
    else:
        string_matrix = get_string_matrix(string)
        handle_length = n - string_length
        pad_matrix = np.zeros([handle_length,28])
        string_matrix = np.concatenate([string_matrix,pad_matrix],axis=0)
        return string_matrix]
#获取数据集
def get_dataset():
    agnews_label = []
    agnews_title = []
    agnews_train = csv.reader(open("./dataset/train.csv","r"))
    for line in agnews_train:
        agnews_label.append(np.int(line[0]))
        agnews_title.append(text_clearTitle(line[1]))
    train_dataset = []
    for title in agnews_title:
        string_matrix = get_handle_string_matrix(title)
        train_dataset.append(string_matrix)
    train_dataset = np.array(train_dataset)
    label_dataset = get_label_one_hot(agnews_label)
```

```
return train_dataset,label_dataset
```

8.3.2 卷积神经网络文本分类模型的实现——conv1d（一维卷积）

对文本的数据集处理完毕后，下面进入基于卷积神经网络的分辨模型设计（见图 8.31）。模型的设计多种多样。

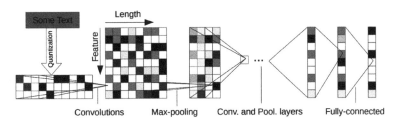

图 8.31 使用 CNN 处理字符文本分类

如同图 8.31 的结构，笔者根据类似的模型设计了一个有 5 层神经网络构成的文本分类模型：

1	Conv 3x3 1x1
2	Conv 5x5 1x1
3	Conv 3x3 1x1
4	full_connect 512
5	full_connect 5

这里使用的是 5 层神经网络，前 3 个基于一维的卷积神经网络，后 2 个全连接层用于分类任务，代码如下：

```
def char_CNN():
    xs = tf.keras.Input([])
    # 第一层卷积
    conv_1 = tf.keras.layers.Conv1D( 1, 3,activation=tf.nn.relu)(xs)
    conv_1 = tf.keras.layers.BatchNormalization(conv_1)

    # 第二层卷积
    conv_2 = tf.keras.layers.Conv1D( 1, 5,activation=tf.nn.relu)(conv_1)
    conv_2 = tf.keras.layers.BatchNormalization(conv_2)
    # 第三层卷积
    conv_3 = tf.keras.layers.Conv1D( 1, 5,activation=tf.nn.relu)(conv_2)
    conv_3 = tf.keras.layers.BatchNormalization(conv_3)
    flatten = tf.keras.layers.Flatten()(conv_3)
    # 全连接网络
    fc_1 = tf.keras.layers.Dense( 512,activation=tf.nn.relu)(flatten)
    logits = tf.keras.layers.Dense(5,activation=tf.nn.softmax)(fc_1)
    model = tf.keras.Model(inputs=xs, outputs=logits)
    return model
```

这里是完整的训练模型，训练代码如下：

```
import csv
import numpy as np
import tools
import tensorflow as tf
from sklearn.model_selection import train_test_split
train_dataset,label_dataset = tools.get_dataset()
#将数据集划分为训练集和测试集
X_train,X_test, y_train, y_test = train_test_split(train_dataset,
label_dataset,test_size=0.1, random_state=217)
batch_size  = 12
train_data = tf.data.Dataset.from_tensor_slices((X_train,
y_train)).batch(batch_size)

model = tools.char_CNN() # 使用模型进行计算
model.compile(optimizer=tf.optimizers.Adam(1e-3),
loss=tf.losses.categorical_crossentropy,metrics = ['accuracy'])
model.fit(train_data, epochs=1)
score = model.evaluate(X_test, y_test)
print("last score:",score)
```

首先获取完整的数据集，之后通过 train_test_split 函数对数据集进行划分，将数据分为训练集和测试集。模型的计算和损失函数的优化与传统的 TensorFlow 方法类似，这里不多做阐述。

最终结果请读者自行完成。需要说明的是，这里的模型也是一个较为简易的基于短文本分类的文本分类模型，效果并不太好，仅仅起到一个抛砖引玉的作用。

8.4 针对文本的卷积神经网络模型——词卷积

使用字符卷积对文本分类是可以的，但是相对于词来说，字符包含的信息并没有"词"的内容多，即使卷积神经网络能够较好地对数据信息进行学习，但是由于包含的内容关系其最终效果也只能差强人意。

在字符卷积的基础上，研究人员尝试使用词为基础数据对文本进行处理。图 8.32 是使用 CNN 做词卷积模型。

在实际读写中，一般用短文本表达较为集中的思想，文本长度有限、结构紧凑、能够独立表达意思，因此可以使用基于词卷积的神经网络对数据进行处理。

图 8.32 使用 CNN 做词卷积模型

8.4.1 单词的文本处理

使用卷积神经网络对单词进行处理的最基本要求就是将文本转换成计算机可以识别的数据。在上一节的学习内容中使用卷积神经网络对字符的独热编码矩阵进行了分析处理，这里有一个简单的想法，就是是否将文本中的单词处理成独热编码矩阵再进行处理，如图 8.33 所示。

图 8.33 词的独热编码处理

使用独热编码表示单词从理论上讲是可行的，但是在事实中并不可行。对于基于字符的独热编码方案来说，所有的字符会在一个相对合适的字库（例如 26 个字母或者一些常用的字符）中选取，那么总量并不会很多（通常少于 128 个），因此组成的矩阵也不会很大。

对于单词来说，常用的英文单词或者中文词语一般在 5000 左右，因此建立一个稀疏、庞大的独热编码矩阵是不切实际的想法。

目前来说一个较好的解决方法就是使用 word2vec 的词嵌入方法，这样可以通过学习将字库中的词转换成维度一定的向量，作为卷积神经网络的计算依据。本节的处理和计算依旧使用文本标题作为处理的目标。单词的词向量的建立步骤如下所示。

第一步：分词模型的处理

首先对读取的数据进行分词处理，与采用独热编码形式的数据读取类似，首先对文本进行清理，去除停用词和标准化文本。需要注意的是，对于 word2vec 训练模型来说，需要输入若干个词列表，因此要将获取的文本进行分词，转换成数组的形式存储。

```python
def text_clearTitle_word2vec(text):
    text = text.lower()                        #将文本转化成小写字母
    text = re.sub(r"[^a-z]"," ",text)          #替换非标准字符，^是求反操作
    text = re.sub(r" +", " ", text)            #替换多重空格
    text = text.strip()                        #取出首尾空格
    text = text + " eos"                       #添加结束符，注意 eos 前有空格
    text = text.split(" ")                     #对文本分词，转成列表存储
    return text
```

请读者自行验证。

第二步：分词模型的训练与载入

下面一步是对分词模型的训练与载入，基于已有的分词数组，对不同维度的矩阵分别处理。需要注意的是，对于 word2vec 词向量来说，简单地将待补全的矩阵用全 0 矩阵补全是不合适的，因此一个最好的方法就是将 0 矩阵修改为一个非常小的常数矩阵，代码如下：

```python
def get_word2vec_dataset(n = 12):
    agnews_label = []                          #创建标签列表
    agnews_title = []                          #创建标题列表
    agnews_train = csv.reader(open("./dataset/train.csv", "r"))
    for line in agnews_train:                  #将数据读取到对应列表中
        agnews_label.append(np.int(line[0]))
        #将数据进行清洗之后再读取
        agnews_title.append(text_clearTitle_word2vec(line[1]))
    from gensim.models import word2vec         #导入 gensim 包
    #设置训练参数
    model = word2vec.Word2Vec(agnews_title, size=64, min_count=0, window=5)
    train_dataset = []                         #创建训练集列表
    for line in agnews_title:                  #对长度进行判定
        length = len(line)                     #获取列表长度
        if length > n:                         #对列表长度进行判断
            line = line[:n]                    #截取需要的长度列表
            word2vec_matrix = (model[line])    #获取 word2vec 矩阵
            train_dataset.append(word2vec_matrix)  #将 word2vec 矩阵添加到训练集中
        else:                                  #补全长度不够的操作
            word2vec_matrix = (model[line])    #获取 word2vec 矩阵
            pad_length = n - length            #获取需要补全的长度
            #创建补全矩阵并增加一个小数值
```

```
                pad_matrix = np.zeros([pad_length, 64]) + 1e-10
                word2vec_matrix = np.concatenate([word2vec_matrix, pad_matrix],
axis=0)   #矩阵补全
            train_dataset.append(word2vec_matrix)   #将word2vec矩阵添加到训练集中
        train_dataset = np.expand_dims(train_dataset,3)   #对三维矩阵进行扩展
        label_dataset = get_label_one_hot(agnews_label)   #转换成独热编码矩阵
        return train_dataset, label_dataset
```

最终的结果如图 8.34 所示。

```
(120000, 12, 64, 1)
(120000, 5)
```

图 8.34　卷积处理后的 AG_news 数据集

> **注　意**
>
> 在上面代码段中倒数第三行 np.expand_dims 函数的作用是对生成的数据列表中的数据进行扩展，将原始的三维矩阵扩展成四维，在不改变具体数值大小的前提下扩展了矩阵的维度，这样是为下一步使用二维卷积对文本进行分类做数据准备。

8.4.2　卷积神经网络文本分类模型的实现——conv2d（二维卷积）

图 8.35 是对卷积神经网络进行设计。

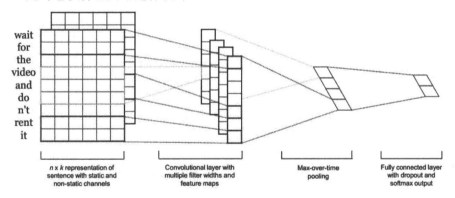

图 8.35　使用二维卷积进行文本分类任务

模型的思想很简单，根据输入的已转化成词嵌入形式的词矩阵通过不同的卷积提取不同的长度进行二维卷积计算，将最终的计算值进行链接，之后经过池化层获取不同矩阵均值，之后通过一个全连接层对其进行分类。

```
def word2vec_CNN():
    xs = tf.keras.Input([None,None])
    # 设置卷积核大小为[3,64]、通道为 12 的卷积计算
    conv_3 = tf.keras.layers.Conv2D(12, [3, 64],activation=tf.nn.relu)(xs)
    # 设置卷积核大小为[3,64]、通道为 12 的卷积计算
    conv_5 = tf.keras.layers.Conv2D(12, [5, 64],activation=tf.nn.relu)
```

```python
(conv_3)
    # 设置卷积核大小为[3,64]、通道为12的卷积计算
    conv_7 = tf.keras.layers.Conv2D(12, [7, 64],activation=tf.nn.relu)
(conv_5)
    # 下面分别对卷积计算的结果进行池化处理，将池化处理的结果转成二维结构
    conv_3_mean = tf.keras.layers.Flatten(tf.reduce_max(conv_3, axis=1,
keep_dims=True))
    conv_5_mean = tf.keras.layers.Flatten(tf.reduce_max(conv_5, axis=1,
keep_dims=True))
    conv_7_mean = tf.keras.layers.Flatten(tf.reduce_max(conv_7, axis=1,
keep_dims=True))
    # 连接多个卷积值
    flatten = tf.concat([conv_3_mean, conv_5_mean, conv_7_mean], axis=1)
    # 采用全连接层进行分类
    fc_1 = tf.keras.layers.Dense(128,activation=tf.nn.relu)(flatten)
    # 获取分类数据
    logits = tf.keras.layers.Dense(5,activation=tf.nn.softmax)(fc_1)
    model = tf.keras.Model(inputs=xs, outputs=logits)
    return model
```

模型使用不同的卷积核生成了12个通道的卷积计算值，池化以后将数据拉伸并连接为平整结构，之后2个全连接层对数据进行最终的计算和分类判定。

文本分类模型所需要的tools函数如下所示：

【程序8-12】

```python
import re
import csv
import tensorflow as tf
# 文本清理函数
def text_clearTitle_word2vec(text,n=12):
    text = text.lower()                              #将文本转化成小写字母
    text = re.sub(r"[^a-z]"," ",text)                #替换非标准字符,^是求反操作
    text = re.sub(r" +", " ", text)                  #替换多重空格
    #text = re.sub(" ", "", text)                    #替换隔断空格
    text = text.strip()                              #取出首尾空格
    text = text + " eos"                             #添加结束符
    text = text.split(" ")
    return text
# 将标签转为独热编码格式的函数
def get_label_one_hot(list):
    values = np.array(list)
    n_values = np.max(values) + 1
    return np.eye(n_values)[values]

# 获取训练集和标签函数
```

```python
def get_word2vec_dataset(n = 12):
    agnews_label = []
    agnews_title = []
    agnews_train = csv.reader(open("./dataset/train.csv", "r"))
    for line in agnews_train:
        agnews_label.append(np.int(line[0]))
        agnews_title.append(text_clearTitle_word2vec(line[1]))
    from gensim.models import word2vec  # 导入gensim包
    # 设置训练参数
    model = word2vec.Word2Vec(agnews_title, size=64, min_count=0, window=5)
    train_dataset = []
    for line in agnews_title:
        length = len(line)
        if length > n:
            line = line[:n]
            word2vec_matrix = (model[line])
            train_dataset.append(word2vec_matrix)
        else:
            word2vec_matrix = (model[line])
            pad_length = n - length
            pad_matrix = np.zeros([pad_length, 64]) + 1e-10
            word2vec_matrix = np.concatenate([word2vec_matrix, pad_matrix], axis=0)
            train_dataset.append(word2vec_matrix)
    train_dataset = np.expand_dims(train_dataset,3)
    label_dataset = get_label_one_hot(agnews_label)
    return train_dataset, label_dataset
# word2vec_CNN 的模型
def word2vec_CNN():
    xs = tf.keras.Input([None,None])
    # 设置卷积核大小为[3,64]、通道为12 的卷积计算
    conv_3 = tf.keras.layers.Conv2D(12, [3, 64],activation=tf.nn.relu)(xs)
    # 设置卷积核大小为[3,64]、通道为12 的卷积计算
    conv_5 = tf.keras.layers.Conv2D(12, [5, 64],activation=tf.nn.relu)(conv_3)
    # 设置卷积核大小为[3,64]、通道为12 的卷积计算
    conv_7 = tf.keras.layers.Conv2D(12, [7, 64],activation=tf.nn.relu)(conv_5)
    # 下面分别对卷积计算的结果进行池化处理，将池化处理的结果转成二维结构
    conv_3_mean = tf.keras.layers.Flatten(tf.reduce_max(conv_3, axis=1, keep_dims=True))
    conv_5_mean = tf.keras.layers.Flatten(tf.reduce_max(conv_5, axis=1, keep_dims=True))
    conv_7_mean = tf.keras.layers.Flatten(tf.reduce_max(conv_7, axis=1, keep_dims=True))
```

```
        # 连接多个卷积值
        flatten = tf.concat([conv_3_mean, conv_5_mean, conv_7_mean], axis=1)
        # 采用全连接层进行分类
        fc_1 = tf.keras.layers.Dense(128,activation=tf.nn.relu)(flatten)
        # 获取分类数据
        logits = tf.keras.layers.Dense(5,activation=tf.nn.softmax)(fc_1)
        model = tf.keras.Model(inputs=xs, outputs=logits)
    return model
```

模型的训练较为简单，由下列代码实现：

```
import tools
import tensorflow as tf
from sklearn.model_selection import train_test_split
train_dataset,label_dataset = tools.get_word2vec_dataset() # 获取数据集
X_train,X_test, y_train, y_test = train_test_split(train_dataset,
label_dataset,test_size=0.1, random_state=217)        # 切分数据集为训练集和测试集
batch_size  = 12
train_data = tf.data.Dataset.from_tensor_slices((X_train,
y_train)).batch(batch_size)
model = tools.word2vec_CNN() # 使用模型进行计算
model.compile(optimizer=tf.optimizers.Adam(1e-3), loss=
tf.losses.categorical_crossentropy,metrics = ['accuracy'])
model.fit(train_data, epochs=1)
score = model.evaluate(X_test, y_test)
print("last score:",score)
```

通过对模型的训练可以看到，最终测试集的准确率应该在 80%左右，请读者根据配置自行完成。

8.5 使用卷积对文本分类的补充内容

在上面的章节中，笔者通过不同的卷积（一维卷积和二维卷积）实现了文本的分类，并且通过使用 gensim 掌握了对文本进行词向量转化的方法。词嵌入是目前最常用的将文本转成向量的方法，比较适合较为复杂词袋中词组较多的情况。

使用独热编码方法对字符进行表示是一种非常简单的方法，但是由于其使用受限较大，产生的矩阵较为稀疏，因此在实用性上并不是很强，笔者在这里统一推荐使用词嵌入的方式对词进行处理。

可能有读者会产生疑问：使用 word2vec 的形式来计算字符的"字向量"是否可行？答案是完全可以，并且准确度相对于单纯采用独热编码形式的矩阵来表示能有更好的表现和准确度。

8.5.1 中文的文本处理

一个非常简单的办法就是将中文转化成拼音的形式，使用 Python 提供的拼音库包：

```
pip install pypinyin
```

使用方法如下：

```
from pypinyin import pinyin, lazy_pinyin, Style
value = lazy_pinyin('你好')   # 不考虑多音字的情况
print(value)
```

打印结果：

```
['ni', 'hao']
```

这里不考虑多音字的普通模式，除此之外还有带有拼音符号的多音字字母，有兴趣的读者可以自行学习。

较为常用的对中文文本处理的方法是使用分词器进行文本分词，将分词后的词数列去除停用词和副词之后制作词嵌入（即词向量化），如图 8.36 所示。

> 在上面的章节中，笔者通过不同的卷积（一维卷积和二维卷积）实现了文本的分类，并且通过使用 Gensim 掌握了对文本进行词向量转化的方法。词向量 word·embedding 是目前最常用的将文本转成向量的方法，比较适合较为复杂词袋中词组较多的情况。
>
> 使用 one-hot 方法对字符进行表示是一种非常简单的方法，但是由于其使用受限较大，产生的矩阵较为稀疏，因此在实用性上并不是很强，笔者在这里统一推荐使用 word·embedding 的方式对词进行处理。
>
> 可能有读者会产生疑问：使用 word2vec 的形式来计算字符的"字向量"是否可行？答案是完全可以，并且准确度相对于单纯采用 one-hot 形式的矩阵表示能有更好的表现和准确度。

图 8.36 使用分词器进行文本分词

这里对图 8.36 中的文字进行分词并将其转化成词向量的形式进行处理。

第一步：读取数据

这里为了演示直接使用字符串作为数据的存储格式，而对于多行文本的读取读者可以使用 Python 类库中文本读取工具，这里不再多做阐述。

```
text = "在上面的章节中，笔者通过不同的卷积（一维卷积和二维卷积）实现了文本的分类，并且通过使用 Gensim 掌握了对文本进行词向量转化的方法。词向量 word embedding 是目前最常用的将文本转成向量的方法，比较适合较为复杂词袋中词组较多的情况。使用 one-hot 方法对字符进行表示是一种非常简单的方法，但是由于其使用受限较大，产生的矩阵较为稀疏，因此在实用性上并不是很强，笔者在这里统一推荐使用 word embedding 的方式对词进行处理。可能有读者会产生疑问，使用 word2vec 的形式来计算字符的"字向量"是否可行？答案是完全可以，并且准确度相对于单纯采用 one-hot 形式的矩阵表示能有更好的表现和准确度。"
```

第二步：中文文本的清理与分词

下面使用分词工具对中文文本进行分词计算。对于文本分词工具，Python 类库中最为常用的是"jieba"分词，导入如下：

```
import jieba                #分词器
import re                   #正则表达式库包
```

对于正文的文本，首先需要对其进行清洗、剔除非标准字符，这里采用 re 正则表达式用于对文本进行处理，部分处理代码如下：

```
text = re.sub(r"[a-zA-Z0-9-,。""（）]"," ",text)    #替换非标准字符，^是求反操作
text = re.sub(r" +", " ", text)      #替换多重空格
text = re.sub(" ", "", text)         #替换隔断空格
```

处理好的文本如图 8.37 所示。

在上面的章节中笔者通过不同的卷积一维卷积和二维卷积实现了文本的分类并且通过使用掌握了对文本进行词向量转化的方法词向量是目前最常用的将文本转成向量的方法比较适合较为复杂词袋中词组较多的情况使用方法对字符进行表示是一种非常简单的方法但是由于其使用受限较大产生的矩阵较为稀疏因此在实用性上并不是很强作者在这里统一推荐使用的方式对词进行处理可能有读者会产生疑问使用的形式来计算字符的字向量是否可行答案是完全可以并且准确度相对于单纯采用形式的矩阵表示都能有更好的表现和准确度

图 8.37　处理好的文本

文本中的数字、中文字符以及标点符号已经被删除，并且其中由于删除不标准字符所遗留的空格也一一删除，留下的是完整的待切分文本内容。

jieba 库包是用于对中文文本进行分词的工具，分词函数如下：

```
text_list = jieba.lcut_for_search(text)
```

这里使用结巴分词对文本进行分词，之后将分词后的结果以数组的形式存储，打印结果如图 8.38 所示。

['在', '上面', '的', '章节', '中', '笔者', '通过', '不同', '的', '卷积', '一维', '卷积', '和', '二维', '卷积', '实现', '了', '文本', '的', '分类', '并且', '通过', '使用', '掌握', '了', '对', '文本', '进行', '词', '向量', '转化', '的', '方法', '词', '向量', '是', '目前', '最', '常用', '的', '将', '文本', '转', '成', '向量', '的', '方法', '比较', '适合', '较为', '复杂', '词', '袋中', '词组', '较', '多', '的', '情况', '使用', '方法', '对', '字符', '进行', '表示', '是', '一种', '非常', '简单', '非常简单', '的', '方法', '但是', '由于', '其', '使用', '受限', '较大', '产生', '的', '矩阵', '较为', '稀疏', '因此', '在', '实用', '实用性', '上', '并', '不是', '很强', '作者', '在', '这里', '统一', '推荐', '使用', '的', '方式', '对词', '进行', '处理', '可能', '有', '读者', '会', '产生', '疑问', '使用', '的', '形式', '来', '计算', '字符', '的', '字', '向量', '是否', '可行', '答案', '是', '完全', '可以', '并且', '准确', '准确度', '相对', '于', '单纯', '采用', '形式', '的', '矩阵', '表示', '都', '能', '有', '更好', '的', '表现', '和', '准确', '准确度']

图 8.38　分词后的中文文本

第三步：使用 gensim 构建词向量

使用 gensim 构建词向量的方法相信读者已经较为熟悉，这里直接使用即可，代码如下：

```
from gensim.models import word2vec              # 导入 gensim 包
# 设置训练参数，注意方括号内容
model = word2vec.Word2Vec([text_list], size=50, min_count=1, window=3)
print(model["章节"])
```

有一个非常重要的细节需要注意，因为 word2vec.Word2Vec 函数接受的是一个二维数组，而本文通过 jieba 分词的结果是一个一维数组，所以需要在其上加上一个数组符号人为构建一个新的数据结构，否则在打印词向量时会报错。

代码正确执行，等待 gensim 训练完成后打印一个字符的向量，如图 8.39 所示。

```
[ 0.00700214 -0.00771189 -0.00651557  0.00805341  0.00060104 -0.00614405
  0.00336286 -0.00911157  0.0008981   0.00469631 -0.00536773 -0.00359946
  0.0051344  -0.00519805 -0.00942803 -0.00215036 -0.00504649 -0.00531102
  0.00060753 -0.00373814 -0.00554779 -0.00814913  0.00525336 -0.00070392
  0.00515197  0.00504736 -0.00126333 -0.00581168  0.00431437  0.00871824
  0.00618446  0.00265644 -0.00094638 -0.0051491   0.00861935  0.0091601
 -0.00820806 -0.00257573 -0.00670012  0.01000227  0.00413029  0.00592533
 -0.00560609 -0.00134225  0.00945567 -0.00521776  0.00641463  0.00850249
 -0.00726161  0.0013621 ]
```

图 8.39　单个中文词的向量

完整代码如下所示：

【程序8-13】

```
import jieba
import re
text = re.sub(r"[a-zA-Z0-9-，。""（）]"," ",text)    #替换非标准字符，^是求反操作
text = re.sub(r" +", " ", text)                   #替换多重空格
text = re.sub(" ", "", text)                      #替换隔断空格
print(text)
text_list = jieba.lcut_for_search(text)
from gensim.models import word2vec                # 导入gensim包
# 设置训练参数
model = word2vec.Word2Vec([text_list], size=50, min_count=1, window=3)
print(model["章节"])
```

后续工程，读者可以自行参考二维卷积对文本处理的模型进行下一步的计算。

8.5.2　其他细节

对于普通的文本，完全可以通过一系列的清洗和向量化处理将其转换成矩阵的形式，之后通过卷积神经网络对文本进行处理。在上一节中只是做了中文向量的词处理，缺乏主题提取、去除停用词等操作，相信读者可以自行学习，根据需要补全。

对于词嵌入构成的矩阵（例如，在前面的章节中实现的 ResNet 网络，以及加上了 attention 机制的记忆力模型，见图 8.40）能否使用已有的模型进行处理？

答案是可以的，笔者在文本识别的过程中同样使用了 ResNet50 作为文本模型识别器，同样可以获得不低于现有模型的准确率，有兴趣的读者可以自行验证。

图 8.40　加上 attention 后的 ResNet 模型

8.6 本章小结

卷积神经网络并不是只能对图像进行处理，本章就演示了如何使用卷积神经网络对文本进行分类。对于文本处理来说，传统的基于贝叶斯分类和循环神经网络（RNN）实现的文本分类方法，卷积神经网络一样可以实现，而且效果并不比上面的差。

卷积神经网络的应用非常广泛，通过正确的数据处理和建模可以达到程序设计人员心中所要求的目标。更为重要的是，相对于循环神经网络（RNN）来说，卷积神经网络在训练过程中的训练速度更快（并发计算），处理范围更大（图矩阵），能够获取更多的相互联系（感受野）。因此，卷积神经网络在机器学习中会有越来越重要的作用。

预训练词向量内容是本章新加入的部分，使用词向量等价于把 embedding 层的网络用预训练好的参数矩阵初始化了，但是只能初始化第一层网络参数，再高层的参数就无能为力了。

下游 NLP 任务在使用词嵌入的时候一般有两种做法：一种是 Frozen，就是词嵌入那层网络参数固定不动；另外一种是 Fine-Tuning，就是词嵌入这层参数随着训练过程被不断更新。

第 9 章

Keras 实战——
站在巨人肩膀上的情感分类实战

在本书的第 1 章，笔者介绍了一个情感分类的实现，相信看到本章的读者对模型的架构和实现已不再陌生。本章将继续深入挖掘做基本情感分类所涉及的内容，特别是一个没有涉及的层——GRU（Gate Recurrent Unit）层。本章将对此进行介绍。

此外，为了更好地帮助读者了解情感分类的实战，本章将介绍更多的模型进行情感分类的程序设计，在介绍不同的模型和使用状况的基础上，能够更好地帮助读者巩固和复习前面的学习内容。

9.1 GRU 与情感分类

本书第 1 章就实现了一个基础的情感分类任务，虽然较为简单，但是对于一个完整的项目来说，其所要求的各个部分都是完整无缺的。

9.1.1 使用 GRU 的情感分类

对于代码本身，请读者参考程序 9-1，这里笔者不再过多解释，相信读者已经有能力完整运行。本节的重点集中在一个新的类，tf.keras.layers.GRU 类，下一小节将对其详细介绍。

【程序9-1】
```
import numpy as np
```

```
    labels = []
    context = []
    vocab = set()
    with open("ChnSentiCorp.txt",mode="r",encoding="UTF-8") as emotion_file:
        for line in emotion_file.readlines():
            line = line.strip().split(",")
            labels.append(int(line[0]))

            text = line[1]
            context.append(text)
            for char in text:vocab.add(char)

    voacb_list = list(sorted(vocab))      #3508
    print(len(voacb_list))

    token_list = []
    for text in context:
        token = [voacb_list.index(char) for char in text]
        token = token[:80] + [0]*(80 - len(token))
        token_list.append(token)

    token_list = np.array(token_list)
    labels = np.array(labels)

    import tensorflow as tf

    input_token = tf.keras.Input(shape=(80,))
    embedding = tf.keras.layers.Embedding(input_dim=3508,
output_dim=128)(input_token)
    embedding = tf.keras.layers.Bidirectional(tf.keras.
layers.GRU(128))(embedding)
    output = tf.keras.layers.Dense(2,activation=tf.nn.softmax)(embedding)

    model = tf.keras.Model(input_token,output)

    model.compile(optimizer='adam', loss=tf.keras.losses.
sparse_categorical_crossentropy,metrics=['accuracy'])
    # 模型拟合，即训练
    model.fit(token_list, labels,epochs=10,verbose=2)
```

9.1.2 什么是 GRU

GRU（Gate Recurrent Unit）是循环神经网络（Recurrent Neural Network，RNN）的一种，是为了解决长期记忆和反向传播中的梯度等问题而提出来的一种神经网络结构，是一种用于处理序列数据的神经网络。GRU 更擅长于处理序列变化的数据，比如某个单词的意思会因为上文提到的内容不同而有不同的含义，GRU 就能够很好地解决这类问题。

1．GRU的输入与输出结构

GRU 的输入与输出结构如图 9.1 所示。

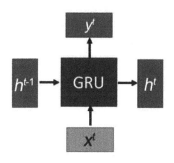

图 9.1　GRU 的输入与输出结构

在 GRU 中有一个当前的输入 x^t，和上一个节点传递下来的隐状态（Hidden State）h^{t-1}，这个隐状态包含了之前节点的相关信息。结合 x^t 和 h^{t-1}，GRU 会得到当前隐藏节点的输出 y^t 和传递给下一个节点的隐状态 h^t。

2．门——GRU的重要设计

一般认为，"门"是 GRU 能够替代传统的 RNN 起作用的原因。先通过上一个传输下来的状态 h^{t-1} 和当前节点的输入 x^t 来获取两个门控状态，如图 9.2 所示。

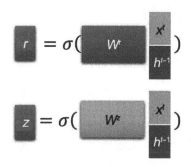

图 9.2　两个门控状态

其中，r 控制重置的门控（Reset Gate）；z 为控制更新的门控（Update Gate）；α 为 sigmoid 函数，通过这个函数可以将数据变换为 0~1 范围内的数值，充当门控信号。

得到门控信号之后，首先使用重置门控来得到"重置"之后的数据 $h^{(t-1)'}=h^{t-1}×r$，再将 $h^{(t-1)'}$ 与输入 x^t 进行拼接，再通过一个 tanh 激活函数来将数据放缩到 –1~1 的范围内，即得到如图 9.3 所示的 h'。

图 9.3 得到 h'

这里的 h' 主要是包含了当前输入的 x^t 数据。有针对性地将 h' 添加到当前的隐藏状态，相当于"记忆了当前时刻的状态"。

3．GRU 的结构

最后介绍 GRU 最关键的一个步骤，可以称之为"更新记忆"阶段。在这个阶段，GRU 同时进行了遗忘和记忆两个步骤，如图 9.4 所示。

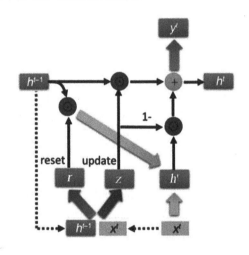

图 9.4 更新记忆

使用了先前得到的更新门控（Update Gate）z，从而能够获得新的更新，公式如下：

$$h^t = z \times h^{t-1} + (1-z) \times h'$$

公式说明如下：

$z \times h^{t-1}$：表示对原本隐藏状态的选择性"遗忘"。这里的 z 可以想象成遗忘门（Forget Gate），忘记 h^{t-1} 维度中一些不重要的信息。

$(1-z) \times h'$：表示对包含当前节点信息的 h' 进行选择性"记忆"。与上面的类似，这里的 $1-z$ 同理会忘记 h' 维度中一些不重要的信息。或者，这里我们更应当看作是对 h' 维度中的某些信息进行选择。

综上所述，整个公式的操作就是忘记传递下来的 h^{t-1} 中的某些维度信息，并加入当前节点输入的某些维度信息。

这里的遗忘 z 和选择 $(1-z)$ 是联动的。也就是说，对于传递进来的维度信息，我们会进行选择性遗忘。遗忘了多少权重（z），我们就会使用包含当前输入的 h' 中所对应的权重弥补 $(1-z)$ 的量，从而使得 GRU 的输出保持一种"恒定"状态。

9.1.3　TensorFlow 中的 GRU 层

从前面的情感分类实现相信读者已经了解了如何使用 GRU 在深度学习模型中进行计算，下面详细介绍 GRU 函数的参数及说明。

```
keras.layers.recurrent.GRU(units, activation='tanh',
recurrent_activation='hard_sigmoid', use_bias=True,
kernel_initializer='glorot_uniform', recurrent_initializer='orthogonal',
bias_initializer='zeros', kernel_regularizer=None, recurrent_regularizer=None,
bias_regularizer=None, activity_regularizer=None, kernel_constraint=None,
recurrent_constraint=None, bias_constraint=None, dropout=0.0,
recurrent_dropout=0.0)
```

参数说明如下：

- units：输出维度。
- activation：激活函数，为预定义的激活函数名（参考激活函数）。
- use_bias：布尔值，是否使用偏置项。
- kernel_initializer：权值初始化方法，为预定义初始化方法名的字符串，或用于初始化权重的初始化器。
- recurrent_initializer：循环核的初始化方法，为预定义初始化方法名的字符串，或用于初始化权重的初始化器。
- bias_initializer：权值初始化方法，为预定义初始化方法名的字符串，或用于初始化权重的初始化器。
- kernel_regularizer：施加在权重上的正则项。
- bias_regularizer：施加在偏置向量上的正则项。
- recurrent_regularizer：施加在循环核上的正则项。
- activity_regularizer：施加在输出上的正则项。
- kernel_constraints：施加在权重上的约束项。
- recurrent_constraints：施加在循环核上的约束项。
- bias_constraints：施加在偏置上的约束项。
- dropout：0~1之间的浮点数，控制输入线性变换的神经元断开比例。
- recurrent_dropout：0~1之间的浮点数，控制循环状态的线性变换的神经元断开比例。

9.1.4　单向不行就双向

在程序 9-1 中，在 Keras 的 GUR 层外面还套有一个从没有出现过的函数：

```
tf.keras.layers.Bidirectional
```

Bidirectional 函数是双向传输函数，目的是将相同的信息以不同的方式呈现给循环网络，可以提高精度并缓解遗忘问题。双向 GRU 是一种常见的 GRU 变体，常用于自然语言处理任务。

GRU 特别依赖于顺序或时间，按顺序处理输入序列的时间步，而打乱时间步或反转时间步会完全改变 GRU 从序列中提取的表示。正是由于这个原因，如果顺序对问题很重要（比如室温预测等问题），那么 GRU 的表现会很好。双向 GRU 利用了这种顺序敏感性，每个 GRU 分别沿一个方向对输入序列进行处理（时间正序和时间逆序），然后将它们的表示合并在一起（见图 9.5）。通过沿这两个方向处理序列，双向 GRU 捕捉到可能被单向 GRU 的模式。

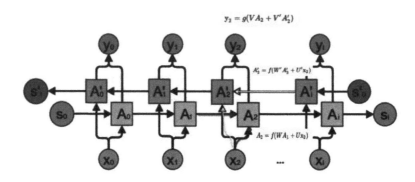

图 9.5　双向 GRU

一般来说，按时间正序的模型会优于时间逆序的模型。对于文本分类等问题来讲，一个单词对理解句子的重要性通常并不取决于它在句子中的位置。也就是说，用正序序列和逆序序列，或者随机打断"词语（不是字）"出现的位置，分别训练并且评估要给 GRU，性能几乎相同。这证实了一个假设：虽然单词顺序对理解语言很重要，但是使用哪种顺序并不重要。

$$\vec{h}_{it} = \overrightarrow{\text{GRU}}(x_{it}), t \in [1, T]$$

$$\overleftarrow{h}_{it} = \overleftarrow{\text{GRU}}(x_{it}), t \in [T, 1]$$

双向循环层还有一个好处：在机器学习中，如果一种数据表示不同但有用，那么总是值得加以利用，这种表示与其他表示的差异越大越好，它们提供了查看数据的全新角度，抓住了数据中被其他方法忽略的内容，因此可以提高模型在某个任务上的性能。

至于 tf.keras.layers.Bidirectional 函数的使用，请读者记住笔者的使用方法，直接套在 GRU 层的外部即可。

9.2　站在巨人肩膀上的情感分类

ResNet 既可以作为图像分类的模型使用，也可以作为自然语言处理的特征提取器使用，如图 9.6 所示。

图 9.6　ResNet 作为自然语言处理的特征提取器

9.2.1　使用 TensorFlow 自带的模型做文本分类

用户在调用 TensorFlow 框架进行深度学习时，除了自定义各种模型，还可以直接使用 TensorFlow 自带的预定义模型进行数据处理。更为贴心的是，TensorFlow 在提供各种预定义模型时还提供了各种预定义模型参数下载。（本章只使用预定义参数做文本分类的特征提取，而不使用预训练参数。）

第一步：预训练模型的载入

TensorFlow 中有哪些预训练模型在前面的章节中已经做了介绍，这里笔者就不再阐述。本节只使用 ResNet 这个最为常用和经典的模型做特征提取模型，其使用也很方便，代码如下：

```
resnet_layer = tf.keras.applications.ResNet50(include_top=False, weights=None)
```

这里直接调用定义在 Keras 中的预训练模型，对于不同的 ResNet 模型层数，只使用 ResNet50 作为目标模型。

ResNet50 中还需要对参数进行设置，其中最为重要的是 include_top 和 weights：include_top 参数提示 ResNet 是否以模型本身的分类层结果进行输出，weights 参数确定是否使用预训练参数。在本例中，只使用 ResNet 做特征提取的模型，因此不使用预训练的参数。

当然，也可以用预训练模型直接打印其 summary 描述，如下所示：

```
import tensorflow as tf
#调用预训练模型
resnet_layer = tf.keras.applications.ResNet50(include_top=False, weights=None)
print(resnet_layer.summary())
```

结果展示如图 9.7 所示。

```
activation_47 (Activation)      (None, None, None, 5 0        bn5c_branch2b[0][0]
_____
res5c_branch2c (Conv2D)         (None, None, None, 2 1050624  activation_47[0][0]
_____
bn5c_branch2c (BatchNormalizati (None, None, None, 2 8192     res5c_branch2c[0][0]
_____
add_15 (Add)                    (None, None, None, 2 0        bn5c_branch2c[0][0]
                                                              activation_45[0][0]
_____
activation_48 (Activation)      (None, None, None, 2 0        add_15[0][0]
================================================================================
Total params: 23,587,712
Trainable params: 23,534,592
Non-trainable params: 53,120
```

图 9.7 打印结果

这里只展示了一小部分层名称和参数打印结果。有兴趣的读者可以独立打印查验。

第二步：使用预训练模型进行文本分类

使用预训练模型进行文本分类，实际上只要用预训练模型替代到程序 9-1 中的 GRU 层做特征提取即可。完整代码如下所示，请注意替换掉的特征提取部分。

【程序9-2】

```
import tensorflow as tf

#调用预训练模型
resnet_layer = tf.keras.applications.ResNet50(include_top=False,
weights=None)

import numpy as np

labels = []
context = []
vocab = set()
with open("ChnSentiCorp.txt",mode="r",encoding="UTF-8") as emotion_file:
    for line in emotion_file.readlines():
        line = line.strip().split(",")
        labels.append(int(line[0]))
        text = line[1]
        context.append(text)
        for char in text:vocab.add(char)

voacb_list = list(sorted(vocab))      #3508
print(len(voacb_list))

token_list = []
for text in context:
```

```
            token = [voacb_list.index(char) for char in text]
            token = token[:80] + [0]*(80 - len(token))
            token_list.append(token)

    token_list = np.array(token_list)
    labels = np.array(labels)

    input_token = tf.keras.Input(shape=(80,))
    embedding = tf.keras.layers.Embedding(input_dim=3508,
output_dim=128)(input_token)
    embedding = tf.tile(tf.expand_dims(embedding,axis=-1),[1,1,1,3])

    embedding = resnet_layer(embedding)        #使用预训练模型做特征提取
    embedding = tf.keras.layers.Flatten()(embedding)    #"拉平"上一层的输出值

    output = tf.keras.layers.Dense(2,activation=tf.nn.softmax)(embedding)

    model = tf.keras.Model(input_token,output)

    model.compile(optimizer=tf.keras.optimizers.Adam(1e-4),
loss=tf.keras.losses.sparse_categorical_crossentropy, metrics=['accuracy'])
    # 模型拟合,即训练
    model.fit(token_list, labels,epochs=10,verbose=2)
```

最终结果如图 9.8 所示。

```
7765/7765 - 37s - loss: 0.6316 - accuracy: 0.7489
Epoch 7/10
7765/7765 - 37s - loss: 0.5630 - accuracy: 0.7706
Epoch 8/10
7765/7765 - 37s - loss: 0.5326 - accuracy: 0.7959
Epoch 9/10
7765/7765 - 37s - loss: 0.4610 - accuracy: 0.8272
Epoch 10/10
7765/7765 - 37s - loss: 0.3692 - accuracy: 0.8572
```

图 9.8 打印结果

经过 10 轮的训练,可以看到准确率已经达到 0.8572。有兴趣的读者可以增大循环训练的次数,从而获得更高的成绩。

除了使用 ResNet 进行特征提取以外,还可以使用其他的预训练模型进行特征提取,例如 VGGNET。对于 VGGNET 的构造,这里不再说明。读者需要知道的是,VGGNET 的诞生标志着深度学习,作为一种合理、有效解决问题的工具,真正被实现和利用起来。

TensorFlow 的预训练模型同样带有 VGG 的模型模块,调用方式和 ResNet 相同,并且同样需要屏蔽顶部分类层和预训练参数,代码如下:

```
vgg = tf.keras.applications.VGG16(include_top=False, weights=None)
```

完整代码如程序 9-3 所示。

【程序9-3】

```python
import tensorflow as tf

#调用 TensorFlow 自带的 VGG 模型，屏蔽分类层和预训练权重
vgg = tf.keras.applications.VGG16(include_top=False, weights=None)
import numpy as np

labels = []
context = []
vocab = set()
with open("ChnSentiCorp.txt",mode="r",encoding="UTF-8") as emotion_file:
    for line in emotion_file.readlines():
        line = line.strip().split(",")
        labels.append(int(line[0]))
        text = line[1]
        context.append(text)
        for char in text:vocab.add(char)

voacb_list = list(sorted(vocab))      #3508
print(len(voacb_list))

token_list = []
for text in context:
    token = [voacb_list.index(char) for char in text]
    token = token[:80] + [0]*(80 - len(token))
    token_list.append(token)

token_list = np.array(token_list)
labels = np.array(labels)

input_token = tf.keras.Input(shape=(80,))
embedding = tf.keras.layers.Embedding(input_dim=3508, output_dim=128)(input_token)
embedding = tf.tile(tf.expand_dims(embedding,axis=-1),[1,1,1,3])

embedding = vgg(embedding)      #使用预训练模型做特征提取
embedding = tf.keras.layers.Flatten()(embedding)      #"拉平"上一层的输出值

output = tf.keras.layers.Dense(2,activation=tf.nn.softmax)(embedding)

model = tf.keras.Model(input_token,output)

model.compile(optimizer=tf.keras.optimizers.Adam(1e-4),
loss=tf.keras.losses.sparse_categorical_crossentropy, metrics=['accuracy'])
```

```
# 模型拟合，即训练
model.fit(token_list, labels,epochs=10,verbose=2)
```

训练结果如图 9.9 所示。

```
7765/7765 - 26s - loss: 0.3162 - accuracy: 0.8665
Epoch 6/10
7765/7765 - 26s - loss: 0.2748 - accuracy: 0.8868
Epoch 7/10
7765/7765 - 26s - loss: 0.2300 - accuracy: 0.9061
Epoch 8/10
7765/7765 - 26s - loss: 0.1914 - accuracy: 0.9262
Epoch 9/10
7765/7765 - 26s - loss: 0.1506 - accuracy: 0.9436
Epoch 10/10
7765/7765 - 26s - loss: 0.1232 - accuracy: 0.9557
```

图 9.9　打印结果

同样是经过 10 轮的训练，使用 VGGNET 的模型正确率达到了 0.95。那么是不是可以理解为 VGGNET 的分辨力强于 ResNet？事实上并不是，因为在所有的评测数据中结论都是 ResNet 对图像特征的提取能力要强于 VGGNET，所以，最大的可能是结构的不同造成了不同的特征提取能力的不同。

有兴趣的读者可以测试更多的自带模型的特征提取能力。

9.2.2　使用自定义的 DPCNN 做模型分类

本节将介绍一个全新的模型——DPCNN（Deep Pyramid Convolutional Neural Networks for Text Categorization）做特征的提取，顺便教会读者如何自定义一个特征提取器。

在词嵌入的章节中，笔者介绍了文本分类的一个经典模型——TextCNN，这是最早借助于卷积对文本特征提取的一个模型。

DPCNN 是在 TextCNN 的基础上结合 ResNet 模型的"捷径连接"建立的一个新的特征提取器，可以说 DPCNN 是严格意义上第一个 word-level 广泛有效的深层文本分类卷积神经网，其总体架构如图 9.10 所示。

从架构上可以看到，DPCNN 的底层貌似保持了跟 TextCNN 一样的结构，Region embedding 的意思是是包含多尺寸卷积滤波器的卷积层的卷积结果，即对一个文本区域/片段（比如按 3 个字分割的若

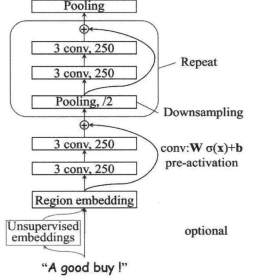

图 9.10　DPCNN 架构

干个连词 3gram）进行一组卷积操作后生成的 embedding，如图 9.11 所示。

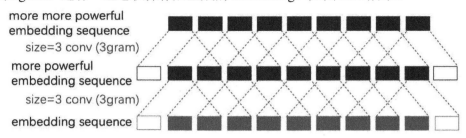

图 9.11　按 3 个字分割的若干个连词 3gram

下面笔者尽可能讲解得简单一些。DPCNN 相对于 TextCNN 最大池化以后进行计算，选择直接在提取的 embedding 上进行卷积操作，这样做能够根据设计的卷积核大小结合尽可能多的当前"字符"的上下文信息。

如果将输入输出序列的第 n 个字符 embedding 称为第 n 个词位，那么这时 size 为 n 的卷积核产生的卷积对其进行操作就是将输入序列的每个词位及其左右$((n-1)/2)$个词的上下文信息压缩为该词位的 embedding，也就是说，产生了每个词位被上下文信息修饰过的更高层级更加准确的语义。

这也是 DPCNN 克服 TextCNN 的缺点、捕获长距离模式，从而产生更好的语义提取信息的能力。

DPCNN 在模型构建的时候引入了 ResNet 模型中的"捷径连接"，将当前层的输入和输出进行了连接，这种连接克服了由于增大深度所造成的梯度消失或者梯度爆炸。

DPCNN 的代码如下所示：

```
class DPCNN(tf.keras.layers.Layer):
    #d_model是每个字符的维度，filter_num是定义文本的长度
    def __init__(self,d_model = 128,filter_num = 80,kernel_size = 3):
        self.d_model = d_model
        self.filter_num = filter_num
        self.kernel_size = kernel_size
        super(DPCNN, self).__init__()


    def build(self, input_shape):

        self.seq_length = input_shape[1]

        self.region_conv2d = tf.keras.layers.Conv2D(filters=self.filter_num,
kernel_size=[self.kernel_size,self.d_model])

        self.conv_3_0 = tf.keras.layers.Conv2D(filters=self.filter_num,
kernel_size=self.kernel_size,padding="SAME",activation=tf.nn.relu)
        self.layer_norm_3_0 = tf.keras.layers.LayerNormalization()
```

```python
        self.conv_3_1 = tf.keras.layers.Conv2D(filters=self.filter_num,
kernel_size=self.kernel_size,padding="SAME",activation=tf.nn.relu)
        self.layer_norm_3_1 = tf.keras.layers.LayerNormalization()

        self.conv_3_2 = tf.keras.layers.Conv2D(filters=self.filter_num,
kernel_size=self.kernel_size,padding="SAME",activation=tf.nn.relu)
        self.layer_norm_3_2 = tf.keras.layers.LayerNormalization()

        self.conv_3_3 = tf.keras.layers.Conv2D(filters=self.filter_num,
kernel_size=self.kernel_size,padding="SAME",activation=tf.nn.relu)
        self.layer_norm_3_3 = tf.keras.layers.LayerNormalization()

        super(DPCNN, self).build(input_shape)   # 一定要在最后调用它


    def call(self, inputs):
        embedding = inputs
        embedding = tf.expand_dims(embedding,axis=-1)
        region_embedding = self.region_conv2d(embedding)
        pre_activation = tf.nn.relu(region_embedding)

        with tf.name_scope("conv3_0"):
            conv3 = self.conv_3_0(pre_activation)
            conv3 = self.layer_norm_3_0(conv3)

        with tf.name_scope("conv3_1"):
            conv3 = self.conv_3_0(conv3)
            conv3 = self.layer_norm_3_0(conv3)

        # resdul
        conv3 = conv3 + region_embedding
        pool = tf.pad(conv3, paddings=[[0, 0], [0, 1], [0, 0], [0, 0]])
        pool = tf.nn.max_pool(pool, [1, 3, 1, 1], strides=[1, 2, 1, 1],
padding='VALID')

        with tf.name_scope("conv3_2"):
            conv3 = self.conv_3_2(pool)
            conv3 = self.layer_norm_3_2(conv3)

        with tf.name_scope("conv3_3"):
            conv3 = self.conv_3_3(conv3)
            conv3 = self.layer_norm_3_3(conv3)

        # resdul
        conv3 = conv3 + pool
```

```
            conv3 = tf.squeeze(conv3, [2])
            conv3 = tf.keras.layers.GlobalMaxPooling1D()(conv3)
            conv3 = tf.nn.dropout(conv3, 0.17)

        return conv3
```

下面使用 DPCNN 替代 GRU 或者 ResNet 进行特征提取，其使用也很方便，代码如下：

```
import dpcnn
dpcnn_layer = dpcnn.DPCNN()
```

具体使用如程序 9-4 所示。

【程序9-4】

```
import tensorflow as tf

import dpcnn            #引入自定义的dpcnn
dpcnn_layer = dpcnn.DPCNN()          #创建DPCNN层

import numpy as np

labels = []
context = []
vocab = set()
with open("ChnSentiCorp.txt",mode="r",encoding="UTF-8") as emotion_file:
    for line in emotion_file.readlines():
        line = line.strip().split(",")
        labels.append(int(line[0]))

        text = line[1]
        context.append(text)
        for char in text:vocab.add(char)

voacb_list = list(sorted(vocab))       #3508
print(len(voacb_list))

token_list = []
for text in context:
    token = [voacb_list.index(char) for char in text]
    token = token[:80] + [0]*(80 - len(token))
    token_list.append(token)

token_list = np.array(token_list)
labels = np.array(labels)

import tensorflow as tf
```

```python
import dpcnn
input_token = tf.keras.Input(shape=(80,))
embedding = tf.keras.layers.Embedding(input_dim=3508,
output_dim=128)(input_token)

embedding = dpcnn.DPCNN(d_model=128)(embedding)        #使用DPCNN层做特征提取器

output = tf.keras.layers.Dense(2,activation=tf.nn.softmax)(embedding)

model = tf.keras.Model(input_token,output)
model.compile(optimizer='adam',
loss=tf.keras.losses.sparse_categorical_crossentropy, metrics=['accuracy'])
# 模型拟合，即训练
model.fit(token_list, labels,epochs=10,verbose=2)
```

结果如图 9.12 所示。

```
7765/7765 - 3s - loss: 0.1854 - accuracy: 0.9254
Epoch 6/10
7765/7765 - 3s - loss: 0.1485 - accuracy: 0.9419
Epoch 7/10
7765/7765 - 3s - loss: 0.1134 - accuracy: 0.9587
Epoch 8/10
7765/7765 - 3s - loss: 0.0950 - accuracy: 0.9637
Epoch 9/10
7765/7765 - 3s - loss: 0.0740 - accuracy: 0.9742
Epoch 10/10
7765/7765 - 3s - loss: 0.0670 - accuracy: 0.9760
```

图 9.12　打印结果

相对于使用 TensorFlow 自带的模型，DPCNN 极大地优化了运行速度，而且相对于 GRU，其准确率有了一定的提升，这也是模型设计的目的。

9.3　本章小结

本章着重介绍了两类特征提取器：使用 TensorFlow 自带的模型做特征提取器，以及编写自定义的模型用作特征提取器。相比较而言，使用专用的自定义模型能够比 TensorFlow 自带的模型带来更好的效果以及更少的训练时间。

实际上无论是开始的 GRU 模型、TensorFlow 自带的模型还是后续自定义的 DPCNN 模型，对于最终的分类器来说起到的都是一个特征提取器的作用。

本书到这里就结束了，最后两章的实战案例说起来容易，做起来还是有点难度的。读者只要阅读完本书，并且把这两个例子实践成功，就可以跨过深度学习的门槛，正式成为一名深度学习工程师。